CADMOS HEIMTIERPRAXIS

Chinchillas

CADMOS HEIMTIERPRAXIS

Lesen
Lernen
Wissen

Judy Fox

Chinchillas

Artgerecht halten,
pflegen und züchten

CADMOS

Impressum
Copyright © 2009 by Cadmos Verlag, Schwarzenbek
Gestaltung: Ravenstein + Partner, Verden
Satz: Grafikdesign Weber, Bremen
Titelfoto: Fabienne Knoll
Lektorat: Maren Müller
Fachliche Durchsicht: Bianca Swartout
Druck: Westermann Druck, Zwickau

Deutsche Nationalbibliothek – CIP-Einheitsaufnahme
Die Deutsche Nationalbibliothek verzeichnet diese Publikation
in der Deutschen Nationalbibliografie; detaillierte bibliografische
Daten sind im Internet über http://dnb.ddb.de abrufbar.

Printed in Germany
ISBN: 978-3-86127-085-0

Inhalt

Inhalt

Das Chinchilla steht in freier Natur kurz vor dem Aussterben. (Foto: Schulz)

Adelante las chinchillas! – Vorwärts, Chinchillas!

Seit die Chinchillas in den Achtzigerjahren in Deutschland auf den Markt kamen, setzte ein Boom ohnegleichen ein.

Wer sich für Chinchillas interessiert, wird aber nicht umhinkommen, sich zu vergegenwärtigen, dass innerhalb kürzester Zeit eine Chinchillaart ganz ausgerottet wurde und die verbleibenden zwei Arten in ihrer Heimat hochgradig gefährdet sind. Anders ausgedrückt: Wer davor die Augen verschließt und glaubt, sich gemäß dem Zeitgeist politischem Desinteresse und allgemeiner Unbeteiligtheit hingeben zu können, ist zumindest in meinen Augen mit seiner Tierliebe unglaubwürdig. Das sind scharfe Worte, gewiss, dabei darf aber nicht vergessen werden, dass ohne das Engagement von Tierschützern weltweit das Chinchilla als ganze Gattung längst

ausgerottet wäre. Diese Menschen, vor denen ich mich hiermit verneige, haben dazu beigetragen, dass das Chinchilla heute in unseren Wohnräumen gehalten werden kann.
Es ist ein allgemeines Unbehagen in Deutschland ausgebrochen und ein Gefühl der Hilflosigkeit gegenüber einer vermeintlich übermächtigen Politik. Doch wenn es sogar gelungen ist, dem chilenischen Diktator Pinochet ein Schutzreservat für Chinchillas abzutrotzen, woher nehmen wir dann die Gewissheit, dass jedes politische Engagement sinnlos sei? Gerade im Bereich des Tierschutzes finden sich doch viele Gegenbeispiele. Lassen Sie uns daran denken, wenn wir wieder an unserer Kraft zweifeln, so wie auch ich hin und wieder von Zweifeln befallen werde, was gerne zugegeben sei. Vielleicht müssen wir wieder lernen, dass sich Engagement und Solidarität für die Schwächeren, wozu auch die Tiere gehören, lohnen und erfolgreich sein können.
In diesem Buch scheue ich mich nicht, von einer gewissen Schärfe Gebrauch zu machen, dort, wo sie mir angemessen erscheint.
Wer meine anderen Nagerbücher kennt, wird auch hier wieder den deutlichen Hinweis finden, dass die meisten handelsüblichen Käfige zu klein sind. Dass einige „Spelunken-Zoohandlungen“, wie ich sie einmal nennen darf, ohne Namen zu nennen, meine Bücher inzwischen sogar boykottieren, ist mir dabei herzlich egal. Zu anderen wieder stehe ich gerade deswegen in gutem Kontakt. So möchte ich die oben stehende Überschrift umformulieren in:

Adelante para las chinchillas! – Vorwärts für die Chinchillas!

Und schließen möchte ich mit einem Ausspruch von Don Juan, einem südamerikanischen Schamanen und Freund und Lehrer von Carlos Castaneda, dessen Bücher über seinen Mentor weltweite Verbreitung fanden:

„Para mi solo recorrer los caminos que tienen corazon. Por ahi yo recorro, y la unica prueba que vale es atravesar todo su largo. Y por ahi yo recorro mirando, mirando, sin aliento.“

„Für mich gibt es nur das Durchwandern von Wegen, die Herz haben. Dort wandere ich, und die einzige Prüfung von Wert ist, ihre ganze Länge zu gehen. Und dort gehe ich und schaue, und schaue atemlos.“
(Eigene Übersetzung aus Carlos Castaneda: „Die Lehren des Don Juan.“)

Sich für den Schutz und die Rechte von Tieren, ganz besonders Nagetieren, einzusetzen und dabei auch unbequem zu sein, ist ein Weg mit Herz, den ich für mich gefunden habe. Den Begleitern auf diesem Weg, ob wir uns nun kennen mögen oder nicht, sei hiermit mein aufrichtiger Dank ausgesprochen. Danken möchte ich auch dem Cadmos Verlag, dass er mich in meinem Bestreben unterstützt hat, dass dieses Buch ein wenig „den Geist Südamerikas atmet“.

Herzlichst, Judy Fox

Chinchillas können sehr alt werden und benötigen viel Platz mit täglichem Auslauf. *(Foto: Jung)*

Drum prüfe, wer sich ewig bindet!

Gespräch, in der Zooabteilung eines Kaufhauses aufgeschnappt:

„Oh, schau doch mal, wie süß!"

„Nein, ich glaub's ja nicht."

„So ein reizendes Gesicht, das flauschige Fell, das lädt richtig zum Streicheln ein."

„Schau doch mal, die niedlichen Ohren."

„Und die Augen, wie romantisch!"

„Der Schwanz! Och guck mal, der Schwanz!"

„Jetzt will ich aber wissen, wie du heißt!"

„Was steht denn auf dem Schild? Chin-chil-la."

„Chinchilla! Das hat aber einen ganz schön großen Käfig. Meinst du, den braucht es wirklich? Es sitzt doch nur herum."

„Ich glaube, es sitzt nicht, ich glaube, das schläft. Schau mal, jetzt bewegt es sich. Toll! Das springt wie ein Eichhörnchen."

„Einfach hinreißend!"

Ohne Frage, das Chinchilla spricht mit seinem drolligen, koboldhaften Aussehen unser Kindchenschema an wie kaum ein anderes Nagetier. Doch – hinreißend hin oder her – bevor Sie sich zu einem übereilten Kauf hinreißen lassen, sollten Sie gründlich überlegen, ob es wirklich das geeignete Tier für Sie ist.

Streicheltiere wie Meerschweinchen oder Ratten sind Chinchillas schon einmal nicht. Viele lassen sich nach einer Eingewöhnung das Streicheln gern gefallen, Schmusetiere sind sie trotzdem nicht. Manche Chinchillas begnügen sich damit, auf ihren Menschen herumzuturnen. Und manch ein Chinchilla wird trotz guter Pflege und Haltung immer etwas scheu bleiben. Auch das gilt es zu respektieren.

Chinchillas sind eigenwillig, in diesem Charakterzug ähneln sie Katzen. Sie suchen von sich aus die Nähe zum Menschen; erzwingt man den Kontakt, kann das zu Angstreaktionen bis hin zu Verhaltensstörungen führen.

Wichtig ist auch zu wissen, dass Chinchillas dämmerungs- und nachtaktiv sind. Das Tier in der Zooabteilung, dem die Entzückensschreie galten, schlief nicht mehr lange, weil es dadurch geweckt wurde. Häufiges Wecken verkürzt aber die Lebenserwartung drastisch. Sie benötigen also einen ruhigen Chinchillaraum, auch um Ihrer selbst willen, da Chinchillas nachts mitunter sehr lärmen können.

Das Wichtigste, was zu bedenken ist: Chinchillas werden sehr alt. Etwa 15 bis 18 Jahre, das Spitzenalter liegt sogar bei 22 Jahren. Sind Sie sicher, dass Sie sich so lange an ein Tier binden können und wollen?

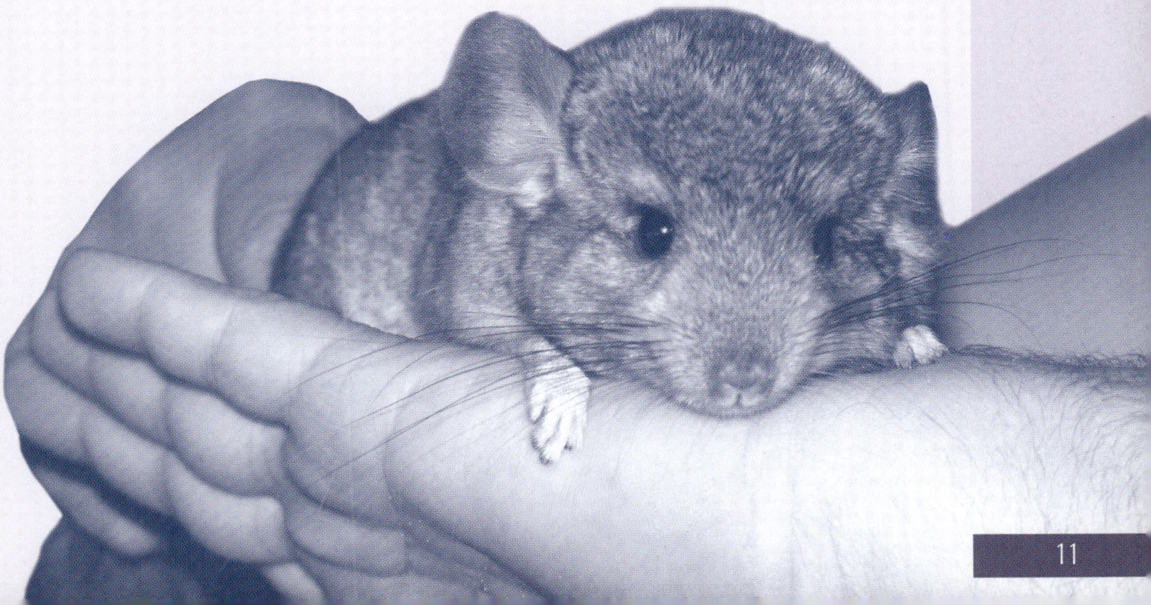

Systematik

Die Eigentlichen Chinchillas, umgangssprachlich nur als Chinchillas bezeichnet, werden innerhalb der Ordnung der Nagetiere zur Unterordnung der Stachelschweinverwandten, Teilordnung der Meerschweinchenverwandten und Familie der Chinchillas gezählt.

Ordnung: Nagetiere *(Rodentia)*
Unterordnung: Stachelschweinverwandte *(Hystricomorpha)*
Teilordnung: Meerschweinchenverwandte *(Caviomorpha)*
Familie: Chinchillas *(Chinchillidae)*
Gattung: Eigentliche Chinchillas *(Chinchilla)*

Die Familie der Chinchillas teilt sich in drei Gattungen mit sechs Arten auf:

Eigentliche Chinchillas *(Chinchilla)* mit zwei Arten:
Langschwanz-Chinchilla *(Chinchilla lanigera)*
Kurzschwanz-Chinchilla *(Chinchilla brevicaudata)*
Hasenmäuse oder Berg-Viscachas *(Lagidium)* mit drei Arten
Viscachas mit einzigem Vertreter *Lagostomus maximus*

Die Eigentlichen Chinchillas und die Hasenmäuse sind nah miteinander verwandt. Sie bewohnen gebirgige Gegenden und unterscheiden sich bezüglich der Lebensweise, Fortbewegung und Ernährung kaum voneinander.

Wenngleich sie zur Teilordnung der Meerschweinchenverwandten gehören, sind die Eigentlichen Chinchillas mit den Meerschweinchen nur entfernt verwandt.

Das Viscacha ist ein Steppenbewohner und mit einer Kopf-Rumpf-Länge von 50 Zentimetern das größte Tier aus der Familie der Chinchillas. Wie die eigentlichen Chinchillas ist es vom Aussterben bedroht. (Foto: Wolf, fotografiert in der Wilhelma, Stuttgart)

Kurzschwanz-Chinchilla *(Chinchilla brevicaudata)*

Die Art Kurzschwanz-Chinchilla ist gekennzeichnet durch einen verhältnismäßig kurzen Schwanz und kurze rundliche Ohren. Sie teilte sich ursprünglich in zwei Unterarten auf: das Kurzschwanz-Chinchilla und das Königs-Chinchilla.

Die Körperlänge beträgt 30 bis 32 Zentimeter, die Schwanzlänge etwa die Hälfte, die Ohrlänge 4 bis 5 Zentimeter. Die Schulter- und Nackenpartie ist breiter und stämmiger als beim Langschwanz-Chinchilla. Die Nase ist stumpf, wodurch der Kopf abgeplattet wirkt.

Der ursprüngliche Lebensraum der Kurzschwanz-Chinchillas waren die Anden Westargentiniens und Boliviens in Höhenlagen von 2.500 bis 4.000 Meter. Als es noch verbreiteter war, wurde es auch als Haustier gehalten. Heute ist es noch gefährdeter als das Langschwanz-Chinchilla und steht auf der Roten Liste der vom Aussterben bedrohten Arten (IUCN).

Königs-Chinchilla *(Chinchilla chinchilla chinchilla)*

Das Königs-Chinchilla, das heute als ausgestorben gilt, wurde als erstes Kurzschwanz-Chinchilla 1829 von dem Zoologen Lichtenstein beschrieben. Mit einer Kopf-Rumpf-Länge von 36 bis 38 Zentimetern war es das größte Chinchilla. Es hatte im Verhältnis zum Körper die kürzesten Ohren und den kürzesten Schwanz (Ohren 4 Zentimeter, Schwanz 14 bis 16 Zentimeter Länge). Seine Heimat waren die Küstenkordilleren Perus und Nordchiles. Es lebte in Höhen von 3.000 bis 4.000 Metern und mehr. Sein Pelz war außergewöhnlich seidig und wurde hoch gehandelt. Dadurch aber war es besonders extremer Bejagung ausgesetzt.

Langschwanz-Chinchilla *(Chinchilla lanigera)*

Das Langschwanz-Chinchilla, auch Kleines Chinchilla genannt, ist mit einer Körperlänge von 25 bis 28 Zentimetern das kleinste Chinchilla. Es ist die Art, die heute als Heimtier gehalten wird. Die Ohren sind länglich, Schwanz und Ohren sind deutlich länger als die seiner Verwandten.

Sein Verbreitungsgebiet ist auf Chile begrenzt. Ursprünglich bewohnte es dort die Küstenkordilleren in Höhenlagen bis zu 3.000 Metern. Heute ist es außerhalb von Reservaten kaum noch anzutreffen. Sein Bestand ist stark bedroht. Lange hielt man es für ausgerottet, bis Anfang 1970 einzelne Exemplare bei Auco wiederentdeckt wurden.

Ursprünglich wurde das Langschwanz-Chinchilla in drei Typen unterteilt: den *La Plata-Typ*, den *Costina-Typ* und den *Raton-Typ*. Sie unterschieden sich in vielen Merkmalen wie

Körperbau, Kopfform, Größe und Gewicht, Fellbeschaffenheit und im Vorkommen. Dennoch handelt es sich um keine Unterarten im zoologischen Sinne. Zwar ordneten frühere Forscher den Costina-Typ dem Langschwanz-Chinchilla als Unterart zu (*Chinchilla lanigera costina* oder *Chinchilla lanigera bennett*). Heute herrscht jedoch in Fachkreisen Einigkeit darüber, dass es sich bei allen drei Typen um *Chinchilla lanigera* handelt und die Unterschiede herkunftsbedingt sind.

Die drei Typen sind vergleichbar mit Rassen, wobei der Begriff „Rasse" beinhaltet, dass die unterschiedlichen Merkmale zuchtbedingt sind. Im Fall der Chinchillas handelt es sich aber um Wildformen, insofern ist die Bezeichnung „Typ" am zutreffendsten.

In freier Natur sind heute nur noch der *La-Plata-* und der *Costina-Typ* anzutreffen. In Heimtierhaltung wurden in vergangenen Zuchten alle drei Typen untereinander gekreuzt, sodass kein Typ mehr reinerbig existiert. Man geht davon aus, dass unser heutiges Langschwanz-Chinchilla eine Mischform aus allen drei Typen darstellt.

Genetische Unterschiede

Das Langschwanz-Chinchilla und das Kurzschwanz-Chinchilla sind so nahe miteinander verwandt, dass Kreuzungen möglich sind, wie Experimente in den USA zeigten. Ratsam ist das jedoch nicht, weil so das genetische Material beider ohnehin gefährdeter Arten verloren geht. Dass solche Kreuzungen von der Natur nicht vorgesehen sind, zeigt sich auch daran, dass die männlichen Nachkommen alle unfruchtbar sind, die weiblichen zu etwa zwei Dritteln. Das spricht für eine Eigenständigkeit der beiden Arten, was molekulargenetische Untersuchungen bestätigten. Sie zeigten, dass sich das genetische Material in 22 Mutationsorten (Bereiche auf den Genen) unterscheidet.

Stammesgeschichte der Chinchillas

Wegen unvollständiger Fossilienfunde – oft nur Kieferreste – wurde die stammesgeschichtliche Herkunft der Chinchillas und die der anderen stachelschweinverwandten Nager lange diskutiert. Inzwischen ist allgemein anerkannt, dass die Chinchillas auf einen gemeinsamen Vorfahren zurückgehen: den Megamys, der etwa so groß wie eine Kuh gewesen sein soll. Er zählt zu einer fossilen Familie südamerikanischer Nager, den Dinomyiden, die vor 24 Millionen Jahren im Jungtertiär (Neogen) auftraten. Zu ihr gehören etwa 50 Arten. Die Tiere waren Riesenformen, die mit Abstand größten Nager.

Man geht davon aus, dass die Chinchillas immer schon in den heutigen Gebieten lebten. Es erscheint schwer, sich Tiere vom Größenausmaß einer Kuh in den trockenen Gebirgszügen der Anden beim Grasen vorzustellen. Doch für diese Nagerfamilie ist das nicht ungewöhnlich. Ein Vertreter, *Phoberomy pattersoni*, soll 3 Meter lang und 1,30 Meter hoch gewesen sein.

Beim jüngsten Fund aus der Eiszeit, erst 2008 entdeckt, handelt es sich um einen mäuseartigen Nager, der etwa eine Tonne wog.

Die Dinomyiden starben mit dem Ende des Tertiärs vor 1,8 Millionen Jahren aus. Der einzige heute lebende Vertreter ist das Pakarana.

Steckbrief der Chinchillas

Lebenserwartung:	15 bis 20 Jahre, als Spitze 22 Jahre
Aktivitätsphase:	Dämmerungs- und nachtaktiv
Lebensweise:	Gesellig
Verbreitung:	Ursprünglich die Anden Chiles, Boliviens, Westargentiniens und Perus in 2.500 bis 6.000 Metern Höhe, heute nur noch in Chile und Argentinien
Gewicht:	*Langschwanz-Chinchilla:* 400 bis 700 Gramm, als Spitze 1.000 Gramm (abhängig von Aufzucht und Abstammung) *Kurzschwanz-Chinchilla:* mehr als 680 Gramm
Kopf-Rumpf-Länge:	*Langschwanz-Chinchilla:* 25 bis 28 Zentimeter *Kurzschwanz-Chinchilla:* 30 bis 32 Zentimeter
Schwanzlänge:	*Langschwanz-Chinchilla:* 17 bis 20 Zentimeter *Kurzschwanz-Chinchilla:* 14 bis 16 Zentimeter
Ohrlänge:	*Langschwanz-Chinchilla:* 6 Zentimeter *Kurzschwanz-Chinchilla:* 4 bis 5 Zentimeter
Tasthaarlänge:	circa 10 Zentimeter
Haarlänge:	2 bis 3,5 Zentimeter
Nagellänge:	2 bis 4 Zentimeter
Geschlechtsreife:	Männchen mit 4, Weibchen mit 6 Monaten
Zyklusdauer:	28 bis 35 Tage
Tragzeit:	111 Tage im Durchschnitt
Wurfstärke:	1 bis 5 Junge Anzahl der Würfe pro Jahr: 2 bis 3
Geburtsgewicht:	40 bis 60 Gramm
Körpertemperatur:	37 bis 38,5 Grad Celsius erwachsene Tiere; Jungtiere 39 bis 39,5 Grad Celsius
Herzfrequenz:	200 bis 240 pro Minute
Atemfrequenz in Ruhe:	80 bis 120 pro Minute

Ursprünglich wog das Langschwanz-Chinchilla weniger als das Kurzschwanz-Chinchilla. Durch selektive Zucht stieg sein Gewicht jedoch stark an. Heutzutage wird kein standardfarbenes Chinchilla zur Zucht verwendet, dessen Gewicht nicht wenigstens 600 Gramm beträgt. Bei seltenen Farben werden Ausnahmen gemacht, doch eine gute Zucht setzt auch da Grenzen.

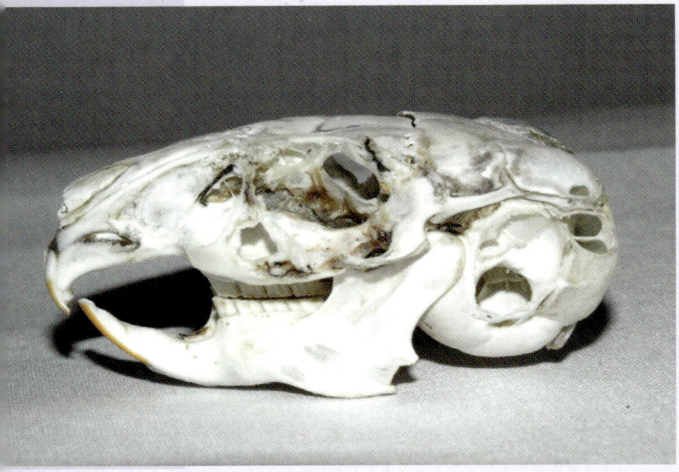

Chinchillaschädel (Foto: Knoll)

Der, die oder das Chinchilla?

Unklar ist auch das Geschlecht im grammatikalischen Sinne. Im Bericht des Jesuitenpaters Molina ist von „die Chinchilla" die Rede. Auch der Biologe und Buchautor Günther Schmidt gebraucht die weibliche Form, ebenso wie der bekannte Chinchillazüchter und Autor Edmund Bickel. In veterinärmedizinischer und zoologischer Fachliteratur wird die weibliche Form ebenfalls verwendet. Im Duden bezeichnet „der Chinchilla" den Pelz, während das Tier weiblich und sächlich sein kann.

Das Spanische kennt nur zwei Geschlechter, weiblich und männlich, sodass logisch erscheint, dass die frühen Berichte über Chinchillas mit weiblichem Artikel übersetzt wurden. „Das Chinchilla" ist dennoch die gebräuchlichste Form und soll hier im Buch benutzt werden. Auch die liebevolle Kurzform „Chin" wird dann und wann verwendet.

Bedeutung des Namens

Woher der Name des Chinchillas stammt, ist nicht sicher. Einige Forscher gehen davon aus, dass es ihn im 16. Jahrhundert von den Spaniern erhielt, die es nach den Chincha-Indianern benannten, die von der Jagd auf Chinchillas lebten und diese Tiere wahrscheinlich auch hielten. Andere sind der Ansicht, dass das Wort eine klangliche Wiedergabe aus der Quechua-Sprache der Inkas ist und so viel bedeutet wie „leise" und „mutig". Frühen Berichten zufolge waren Chinchillas wohl tatsächlich noch sehr unbefangen gegenüber den Menschen, bevor die groß angelegte Pelzjagd begann.

Geschichte des Chinchillas

Der früheste Bericht über Chinchillas stammt aus dem Jahr 1590. Jesuitenpater Josef de Acosta schreibt in seinem Buch *„Historia Natural y Moral de los Indios“* (Naturkunde und Moral der Indios): „Chinchillas sind eine andere Gattung kleiner Tiere wie Eichhörnchen. Sie haben ein Haar von wunderbarer Weichheit. Ihre Felle werden aus Schmuck- und Gesundheitsgründen getragen. Auch Decken gibt es aus dem Haar dieser Chinchillas.“

Etwa zur selben Zeit schrieb der englische Seefahrer und Sklavenhändler John Hawkins: „Die Eingeborenen haben kleine Tiere wie Eichhörnchen, doch grau. Das Fell ist das weichste und merkwürdigste, das ich je gesehen habe. Sie nennen das Tier Chinchilla und haben es in großer Zahl.“

Etwa 200 Jahre später erschien ein weiterer Bericht eines Jesuitenpaters, des Italieners Juan Ignazio Molina. Er bemerkte in seinem 1782 veröffentlichten Werk *„Versuch der Naturgeschichte von Chile“*: „Die Chinchilla ... ist wegen der feinen Wolle recht zu schätzen. ... Sie könnte ohne Beschwerden in den Häusern gezüchtet werden und mit geringen Kosten.“ Damit gilt er als geistiger Urvater der Chinchillazucht. Ob zu Recht, sei dahingestellt, denn auch von den Indios ist anzunehmen, dass sie Chinchillas züchteten.

Schon seit Jahrhunderten – wie lange genau, ist unbekannt – wurden die Chinchillas von den Ureinwohnern wie den Chincha-Indianern und den Inkas gejagt. Sie verzehrten ihr Fleisch und nutzten ihren Pelz, doch nicht in solch ausbeuterischer Weise, wie es später geschah. Der Bestand der Chinchillas war durch die Indios nie gefährdet. Edmund Bickel, Autor des Buches *„Südamerikanische Chinchillas“*, vermutet, dass sie die Chinchillas auch als Haustiere hielten. Das scheint zwar sehr wahrscheinlich – besonders da sich die Tiere, als die Bestände noch nicht so dezimiert waren, Schilderungen zufolge ausgesprochen zutraulich verhielten –, doch gibt es dafür keine Beweise.

Erst die spanischen Eroberer wurden den Chinchillas zum Verhängnis. Im Jahr 1524 erhielt die spanische Königin Isabella als

Chinchillas wurden vermutlich schon von den Indios gezüchtet. (Foto: Jung)

Geschenk einen Chinchillapelz. Das war der Auftakt für eine gnadenlose Jagd. Wegen des besonderen Fells stieg die Nachfrage in Europa und Nordamerika trotz der horrenden Preise schnell an. Da zur Herstellung eines Pelzmantels 100 bis 150 Tiere nötig sind, wurden Chinchillas zu Millionen gejagt, bis schließlich gegen Ende des 19. Jahrhunderts alle drei Arten beinahe ausgerottet waren.

1918 verhängten die vier südamerikanischen Regierungen eine Ausfuhrsperre für Chinchillafelle. 1929 stellten sie die Chinchillas gesetzlich ganz unter Schutz. Doch die Jagd ging im Illegalen weiter. Zu hoch war einfach der Wert eines Chinchillapelzes. In den Dreißigerjahren kostete ein bolivianischer Pelz etwa 500 000 Goldmark. Ein Chinchillafell brachte in Deutschland vor der Währungsreform 150 bis 200 Mark ein, ein Pelzmantel rund eine Viertelmillion. In Bolivien und Peru starben die Chinchillas schließlich aus. Die Tiere in den verbleibenden zwei Ländern bedürfen dringend unserer Hilfe.

Das Schutzreservat in Chile

Oft ist in der Literatur über Chinchillas zu lesen, dass sich seit dem Jahr 1974 die chilenische Regierung intensiv um den Schutz der Chinchillas kümmerte.

Die Jahreszahl lässt aufhorchen, denn zu der Zeit war der Diktator Pinochet an der Macht. Augusto Pinochet ließ im September 1973 als General und Oberbefehlshaber der chilenischen Armee den Präsidenten Salvadore Allende ermorden. 16 Jahre lang stand Chile anschließend unter seiner Diktatur, etwa 80 000 Menschen von zweieinhalb Millionen wurden gefoltert oder ermordet. Konnte dieser Mann seine plötzliche Liebe zu den Chinchillas entdeckt haben?

Wie ganz richtig zu lesen ist, begann die chilenische Regierung 1974 ein Schutzreservat für die letzten lebenden Chinchillas zu errichten, allerdings mit höchst zweifelhafter Motivation. „Sie begann ...", lässt sich ironisch sagen, denn bis zur Vollendung vergingen zehn Jahre.

Nach der Wiederentdeckung des Langschwanz-Chinchillas Anfang der Siebzigerjahre kam die chilenische Militärregierung nicht umhin, den Chinchillas durch internationalen Druck von Tierschützern ein wenig Aufmerksamkeit zu zollen, zumal man im Ausland um ein ehrenwertes Ansehen bemüht war. 1974 untersuchte die Forstbehörde Chiles die Chinchillapopulation. Danach vergingen fünf Jahre, bis man Beamte vollamtlich mit dem Schutz der Chinchillas beauftragte, und zwar gerade mal zwei! Verständlich, dass die beiden mit der Verwaltung eines 4.200 Hektar großen Grundstücks überfordert waren. Vor der Verwaltung aber erfolgte ein langwieriger Landrückkauf von den Bauern und überhaupt erst einmal die Klärung der Besitzansprüche. Das zog sich weitere fünf Jahre hin.

Im Jahr 1984 wurde dann das *„Reserva Nacional Las Chinchillas"* eingeweiht. Die Buchautorin Sabine Cremer (*„Das große Chinchilla-Handbuch"*) berichtete mir darüber Näheres. Laut ihrer Schilderung kümmern sich jetzt immerhin vier Arbeiter der chilenischen Nationalparkbehörde um das Chinchillareservat. Es zählt aber nach wie vor zu den kleinsten Reservaten des Landes, obgleich es für deutsche Verhältnisse groß sein mag. Öffentliche Verkehrsmittel halten nur auf Anfrage vor dem Reservat, während zu deutschen Zoos jede U-Bahn fährt. Bleiben Besucher über Nacht im Reservat, macht das Wachpersonal Feierabend, weil das Reservat dadurch angeblich vor Dieben geschützt sei.

Heute unterstützt der *World Wild Fund (WWF)* das Reservat. Doch dem Diktator Pinochet sei hiermit eine unverdiente Ehre wieder genommen.

Chinchillas in Europa

Die ersten Chinchillas in Europa waren in Zoos zu besichtigen, ab 1829 in London und ab 1865 in Hamburg. Da die wild lebenden Chinchillas schon stark dezimiert waren, gab es in verschiedenen Ländern immer wieder Versuche, die Tiere zu züchten. Das scheiterte regelmäßig, weil man zu wenig über ihre Lebensgewohnheiten wusste. Eine Engländerin, Mrs Johnstone, war 1911 die Erste, die nach einer misslungenen Außenhaltung von Chinchillas begann, diese Tiere in Zuchträumen zu vermehren. Leider musste sie zu Beginn des Weltkriegs ihre zwölf Chinchillas an Tiergärten abgeben, wo sie alle eingingen.

In Deutschland entstanden Anfang 1970 die ersten Liebhaberzuchten.

Die meisten Chinchillas in Europa und Nordamerika gehen auf die Zuchttiere Mathias F. Chapmans zurück. (Foto: Knoll)

Der Begründer der Chinchillazucht

Im Jahr 1918 kam der Amerikaner Mathias F. Chapman als Bergbauingenieur nach Chile. Ein Jahr später brachte ein Indianer ein Langschwanz-Chinchilla zum Lager. Chapman kaufte es. Er entwickelte den Plan, noch mehr Chinchillas zu kaufen, sie in die USA zu transportieren und dort als Heimtiere zu züchten. Später änderte er seinen Plan und es wurde daraus eine Pelztierzucht.

Noch im selben Jahr startete Chapman eine Expedition in die Anden mit 23 Trappern. Sie stiegen bis in Höhen von 1.400 Metern, denn die meisten im Tiefland lebenden Chinchillas waren damals schon ausgerottet. Die schwierige Suche dauerte bis 1922 und ging bis nach Peru, unter primitiven Lebensbedingungen. Nur elf Chinchillas wurden gefangen. Man nimmt an, dass es sich bei allen um *Chinchilla lanigera* handelte, jedoch um verschiedene Typen.

Nachdem Chapman die Erlaubnis zur Ausfuhr der Tiere zunächst verweigert worden war, erhielt er sie 1923 dann doch. Die Chinchillas wurden mit der Eisenbahn zur Küste gebracht. Sie reisten in großen Holzkisten, die mit Eis gekühlt wurden. Auf den Dampfer, der sie in die USA bringen sollte, schmuggelte Chapman die Tiere allerdings. Erst auf hoher See beichtete er dem Kapitän. Dieser drohte mit einer Klage, sollte irgendeine Störung von den Chinchillas ausgehen. Am 22. Februar 1923 – George Washingtons Geburtstag – kamen die Chinchillas in Amerika an. Ein Tier war gestorben, dafür waren zwei Babys geboren worden.

Chapman baute die erste Chinchillafarm der Welt in Inglewood in Kalifornien auf und besaß schließlich einen Bestand von 100 Tieren. Eines Nachts wurden ihm viele Tiere gestohlen (je nach Quelle zwischen 32 und 50). Chapman stellte Nachforschungen an. Die Spur führte nach Texas, von dort war der Dieb nach Europa geflüchtet. Beim Transport durch die Wüste waren leider viele Tiere gestorben. Die Rückgabe der noch übrigen gestohlenen Chinchillas per Gerichtsbeschluss dauerte lang. Quellen zufolge gingen bis dahin die meisten Tiere ein, sodass Chapman letztendlich nur fünf zurückerhielt. Denkbar ist aber auch, dass sie verkauft wurden, da bald darauf mehrere Chinchillazuchten in Europa entstanden.

Trotz dieses Rückschlags gelang es Chapman, seine Zucht zu neuer Höhe zu bringen. Er starb am 26. Dezember 1934.

Gibt es das Kurzschwanz-Chinchilla tatsächlich noch?

Die vierte Ausgabe 1994 der Zeitschrift *Chinchilla Post* berichtete von einem denkwürdigen Ereignis. Bei einer Chinchillashow 1992 in Argentinien wurde dem Präsidenten einer US-Chinchillazuchtvereinigung ein Schreiben der Argentinischen Chinchillazüchtergenossenschaft COOCHINOR überreicht: „Wir bringen Ihnen zur Kenntnis, dass es in unseren Bergen noch Chinchillas der beiden Arten lanigera und brevicaudata gibt. Die Regierung der Provinz Jujuy hat die Einrichtung eines ‚Naturparks Chinchilla brevicaudata' beschlossen, der eine Ausdehnung von über 120.000 Hektar haben wird. Unsere Genossenschaft setzte sich über zwei Jahre dafür ein."

COOCHINOR engagierte sich auch in der Brevicaudata-Zucht in der Hoffnung, die Art erhalten zu können. Leider scheiterten Auswilderungsversuche und das Kurzschwanz-Chinchilla gilt offiziell als ausgestorben. Mit wenigen Tieren wird noch weitergezüchtet, der Bestand ist aber auf einige Hundert gesunken und wird von der Genossenschaft unter Verschluss gehalten (Stand Sommer 2008). Reichlich schockiert war ich, als ich im Winter 2008, den aktuellen Stand erfragend, von COOCHINOR wiederholt keine Antwort, sondern nur Werbung für Chinchillapelze erhielt. Trotz mehrerer Nachfragen, ob sich die Genossenschaft auch weiterhin um den Artenschutz bemühe, war keine Stellungnahme zu erhalten.

... und das Königs-Chinchilla?

Wie Harry Eckardt in seinem „Großen Handbuch der Chinchillazucht" berichtet, fand der deutsche Brevicaudata-Züchter Fritz Ferger 1953 eines der vermutlich letzten Tiere: ein drei Monate altes Tier, das im Steppengrasfeuer erstickt war. Seitdem wurde angeblich kein lebendes Exemplar mehr gesichtet. Inwieweit diese Ansicht richtig ist, lässt sich nicht mit absoluter Gewissheit sagen. Es gibt mitunter überraschende Funde von Tierarten, die als ausgestorben galten, die Regel ist es natürlich nicht.

Bickel berichtet, dass ihm 1931 der schwedische Züchter Martin Nilsson als ein ihm „glaubhaft erscheinender Gewährsmann" mitteilte, er besäße ein Zuchtpaar wild gefangener Königs-Chinchillas. Sein Weibchen würde nur einmal im Jahr werfen und hätte gerade ein Junges. Mehr darüber erzählte er Bickel selbst in zwei Jahrzehnten nicht, und auch aus anderen Gründen erscheint die Geschichte unglaubwürdig. So schreibt Eckhardt, dass Nilsson nie Wissenschaftlern Zutritt zu seinen Tieren gewährt hat. Und was noch auffällt: Wenn die Tiere tatsächlich Wildfänge waren, müsste es Ausfuhrgenehmigungspapiere geben. Sonst hätte man es mit Zollschmuggel zu tun, der in vielen Ländern Südamerikas gefährlich war. Dann hätte Nilsson seinen Fang auch eher nicht publik gemacht. Was hinderte ihn also, wenigstens diese Papiere vorzulegen, um seine Aussage zu beweisen? Immerhin ist es von fundamentaler Bedeutung, wenn man behauptet, zwei der letzten lebenden Exemplare einer Tierart zu besitzen. Vielfach ist zu lesen, dass ein ausgestopftes Königs-Chinchilla aus den Sechzigerjahren im Senckenberg-Museum in Frankfurt am Main wäre. Manche bezweifeln aber die Echtheit. Nachdem ich den Museumsleiter ein halbes Jahr lang immer wieder um die Bestimmung des Tiers durch einen Systematiker gebeten hatte, klärte eine wissenschaftliche Mitarbeiterin auf: Das Exemplar ist ein Langschwanz-Chinchilla, nichts anderes steht auch auf dem Schild!

Westargentinische Hochanden – die Vegetation ist dürr. (Foto: Link)

Herkunft und Klima

Die spärlich bewachsene Gebirgswelt der Hochanden ist die Heimat der Chinchillas. Das raue Klima dort ist gekennzeichnet durch Kälte, Wind und Trockenheit. Regen und Schnee fallen selten, die Luftfeuchtigkeit ist niedrig und liegt oft nur bei 30 Prozent. Von Mai bis September regnet es gar nicht. Die durchschnittliche Niederschlagsmenge liegt bei 200 Millimetern pro Jahr. Zum Vergleich: In Deutschland liegt sie bei 500 bis 800 Millimetern.

Chinchillas leben in Höhen von 2.500 bis 4.000 Metern. Die Temperaturen liegen nachts auch im Sommer je nach Windstärke und Höhe bei 0 Grad, am Tag bei 22 bis 28 Grad. Die großen Temperaturunterschiede überstehen die Chinchillas unbeschadet in Felsspalten und Höhlen, die ihnen gleichzeitig Schutz vor ihren natürlichen Feinden bieten, den Füchsen und Raubvögeln.

Nur wenige Pflanzen können unter diesen wüstenähnlichen Bedingungen leben. Vorwiegend sind das Kakteen und Disteln, trockene Dornsträucher, Steppengräser und ausdauernde, Fels besiedelnde Pflanzen. Das Wasser beziehen Chinchillas aus Kakteen oder vom Tau, der sich niederschlägt.

Chinchillas haben Nägel anstatt Krallen. (Foto: Jung)

Besonderheiten des Chinchillas

Das Chinchilla ist das einzige Säugetier der Welt, dem viele Haare aus einer Haarwurzel wachsen. 40 bis 60 Haare sprießen aus jeder einzelnen Wurzel. Man bezeichnet sie als Wollhaare und sie sind so leicht, dass eine Handvoll davon noch kein Gramm wiegt. Das erklärt die dichte, flauschige Beschaffenheit des Pelzes, der das Chinchilla vor dem rauen Klima in seiner Heimat schützt. Das Fell ist nicht Wasser abweisend, da Chinchillas keine Schweiß- und Talgdrüsen haben, sondern saugt sich im Gegenteil schnell voll. Deshalb können Chinchillas in Heimtierhaltung beim Sturz in ein Wassergefäß leicht ertrinken, da sie zum Schwimmen zu schwer werden und kläglich untergehen. Ist ein Chinchilla versehentlich nass geworden, muss es sorgfältig abgetrocknet werden.

Das Fell hat noch eine Besonderheit: Es besteht aus einer weiteren Haarform, den Grannenhaaren. Diese Haare wachsen einzeln und länger, sie sind in ihrer Struktur stärker und härter und haben dadurch eine Stützfunktion. Sie verhindern, dass das Fell bei rauem Wind, wie er in den Hochanden häufig herrscht, ganz umgeblasen wird. Es richtet sich immer wieder auf. Der Wind kann so nicht bis zur Haut durchdringen, ein Wunderwerk der Natur!

Durch die Eigenschaften ihres Fells und wegen der fehlenden Schweißdrüsen sind Chinchillas allerdings sehr hitzeempfindlich.

Eine andere Besonderheit ist, dass das Chinchilla keine Krallen, sondern Nägel hat. Lange nahm man deshalb an, dass die Tiere ihre Baue nicht selbst graben. Inzwischen weiß man jedoch, dass sie eigene Baue in der vergleichsweise weichen Erde bei dem Bromeliengewächs *Puya berteroniana* anlegen. Vorwiegend aber schlafen sie in Felsspalten oder übernehmen die Höhlen anderer Nager.

Chinchillas sind sehr gesellig und leben in Kolonien zusammen. Auch gegenüber anderen Nagern sind sie verträglich und bewohnen häufig mit Chinchillaratten oder Degus zusammen dieselben Höhlen.

Ihnen fehlt die Gallenblase, was ein deutlicher Hinweis ist, dass sich die Tiere sehr fettarm ernähren. Der Goldhamster, der zum Teil fleischliche Nahrung verzehrt, verfügt über eine Gallenblase. Die Gallenflüssigkeit wird benötigt, um Fette zu spalten. Sie wird in der Leber produziert und in der Gallenblase zwischengespeichert. Ist der Anteil an Fetten bei der Ernährung gering, reicht die Gallenflüssigkeit, die unmittelbar von der Leber kommt. Wegen der fehlenden Gallenblase können Chinchillas nicht erbrechen; eine der letzten Entgiftungsmöglichkeiten des Körpers fehlt ihnen. Daher ist leicht nachvollziehbar, dass „Ernährungssünden" schwere Folgen haben können.

Die wohl größte Besonderheit ist der im Verhältnis zur Körpergröße außergewöhnlich lange Darm von etwa 3 Metern. Zum Vergleich: Der Darm des Menschen ist etwa 8 Meter lang. Damit sind Chinchillas gut an die trockene Pflanzennahrung ihrer Heimat angepasst, die rohfaserreich und nährstoffarm ist. Bei einer zu energiereichen Ernährung verfetten die Tiere nicht nur schnell, sondern erkranken auch leicht. Magen- und Darmentzündungen sind die häufigsten Erkrankungen bei Chinchillas und verursachen auch die meisten Todesfälle.

Ein gesundes Chinchilla hat orangefarbene bis gelbbraune Zähne. Sind sie weiß, deutet das auf einen Vitamin- oder Mineralstoffmangel oder auf beides hin. Es kann auch ein Anzeichen für ein übermäßiges Längenwachstum der Zähne sein. Letzteres ist nicht unbedingt gleich zu erkennen, da die Zähne zunächst auch nur nach unten in die Wurzel wachsen können!

Chinchillas sind in der Lage, aus dem Stand einen Meter hoch und etwa zwei Meter weit zu springen. Dafür sind sie von der Natur mit langen und muskulösen Hinterbeinen ausgestattet. Die Vorderbeine sind hingegen vergleichsweise kurz und dienen zum Abstützen und zum Greifen der Nahrung. Der Schwanz dient zum Balancehalten beim Laufen und Springen.

Die Fußballen sind nackt und von noppenartiger Struktur, beinahe könnte man sagen, wie bei Gummistiefeln. Der Vergleich ist berechtigt, finden die Tiere doch dadurch Halt auf den glatten Felsen ihrer Heimat.

Wie bei allen nachtaktiven Nagern sind die Augen groß und sitzen seitlich am Kopf. Dadurch haben Chinchillas ein weites Blickfeld, doch das

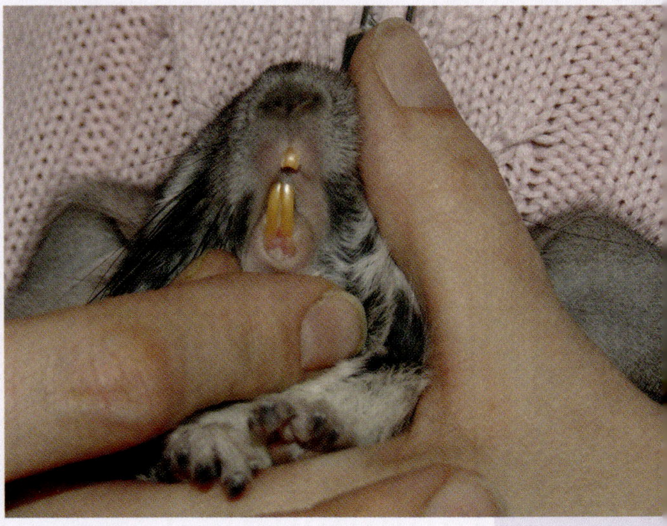

Gesunde Chinchillas haben orangefarbene bis gelbbraune Zähne. (Foto: Knoll)

räumliche Sehvermögen ist schlecht, ebenso wie die Fähigkeit, Entfernungen abzuschätzen.

Entgegen einer verbreiteten Ansicht und trotz der großen Ohren, die erwarten lassen, dass das Gehör sehr gut sein müsste, ist das nicht der Fall. Studien ergaben, dass Chinchillas anders als zum Beispiel Hausmäuse keine Töne im Ultraschallbereich wahrnehmen können. Das überrascht, weil sie wie Mäuse Fluchttiere sind. Die großen, fast unbehaarten Ohren dienen den Chinchillas aber auch zur Regulierung der Körpertemperatur. Da diese Tiere nicht schwitzen, fließt das Blut bei Hitze verstärkt in die Ohren, wo es schnell abkühlt; bei Kälte sind die Ohren weniger durchblutet. Möglicherweise ist das der Grund für das vergleichsweise schlechte Hörvermögen. Ein Organ, das zeitweise schlecht durchblutet ist, kann keine Höchstleistungen mehr vollbringen. Nichtsdestotrotz reagieren Chinchillas sehr empfindlich auf Lärm oder ungewohnte Geräusche.

Der Geruchssinn ist hingegen sehr gut entwickelt. Wenn Chinchillas ein Futter nicht anrühren, kann der Grund dafür sein, dass es für sie nicht gut riecht.

Neben dem Geruchssinn ist der Tastsinn von besonderer Bedeutung. Mit seinen Tasthaaren von etwa 10 Zentimetern Länge ertastet das Chinchilla seine Umgebung und kann die Größe von Löchern und Gängen abschätzen.

Auch der Geschmackssinn ist gut ausgebildet. Chinchillas sind sehr naschhaft. Sie fressen fast alles, nicht alles vertragen sie aber auch, schon gar nicht auf lange Sicht. Die Binsenweisheit, „was ein Tier unbeschadet gefressen hat, ist nicht schädlich“, trifft auf das Chinchilla am wenigsten zu.

Bemerkenswert ist, dass Chinchillaweibchen eine doppelte Gebärmutter haben mit je einem Eierstock. Der Fachausdruck ist Gebärmutterhörnchen. Dadurch können sie direkt nach der Geburt wieder gedeckt werden, in Ausnahmefällen sogar während der Schwangerschaft. Es ist aber eher selten, dass dann alle Jungen ausgetragen werden. Da die Tragzeit bei Chinchillas sehr lang ist und die Wurfstärke verhältnismäßig klein, dient diese Besonderheit der Arterhaltung.

Zum Schluss eine ganz besondere Eigenschaft, was sicher nicht heißt, diese Tiere zu vermenschlichen: Chinchillas sind treu! Seien Sie es Ihren Tieren auch!

Die häufigsten Farbschläge

Derzeit kennt man in Deutschland etwa 30 Farbschläge. Einen verbindlichen Farbstandard gibt es noch nicht, lediglich Richtlinien für Chinchillaschauen. Da sich dieses Buch vorrangig an Anfänger richtet, wird auf die Grundlagengenetik verzichtet.

Standard

Die Wildfarbe ist gekennzeichnet durch einen weißen Bauch und drei Farbzonen jedes einzelnen Haars. Die Haarwurzel ist grau, die Mitte weiß, die Spitze schwarz. Man nennt das Agoutimuster oder Band, was dasselbe meint wie „Bänderung“ bei anderen Nagern.

Wilson White

Diese erste Farbmutation trat 1955 in Kalifornien auf. Sie ist benannt nach der Besitzerin des Tieres, Blythe Wilson. Kennzeichnend sind durchgehend weißes Fell, graue Ohren und schwarze Augen. Das Wilson-White-Gen (W–) hat einen Letalfaktor. Wenn zwei Tiere, die das W-Gen tragen, miteinander verpaart werden, bedeutet das, dass etwa ein Viertel der Jungen tot geboren wird oder meist schon im Mutterleib abstirbt. Dies betrifft nicht nur Wilson White, sondern alle weißen und apricotfarbenen Chinchillas. Manche Züchter nehmen solche Verpaarungen vor, um Klarheit über die Gene der Tiere zu erhalten; die meisten Züchter aber, mich selbst eingeschlossen, lehnen dies ab.

Pink White

Unter diese Bezeichnung fallen alle Tiere mit mehr oder minder durchgehend weißem Fell und roten Augen, die jedoch verschiedene Gencodes haben. Es handelt sich aber nicht um Albinos. Bei Albinos fehlen die Farbpigmente gänzlich, während bei Pink-White-Tieren noch vereinzelt Farbpigmente vorhanden sind; ihr Fell ist nie ganz reinweiß.

Apricot

Diese Farbe ähnelt Pink White. Hier kommen das Wilson-White-Gen und das Gen für die Farbe Beige zusammen. Kennzeichnend sind rote Augen und die Fellfarbe: ein sehr hell getöntes Beige oder ein beige getöntes Weiß – das ist Ansichtssache.

Ein standardfarbenes Chinchilla. (Foto: Jung)

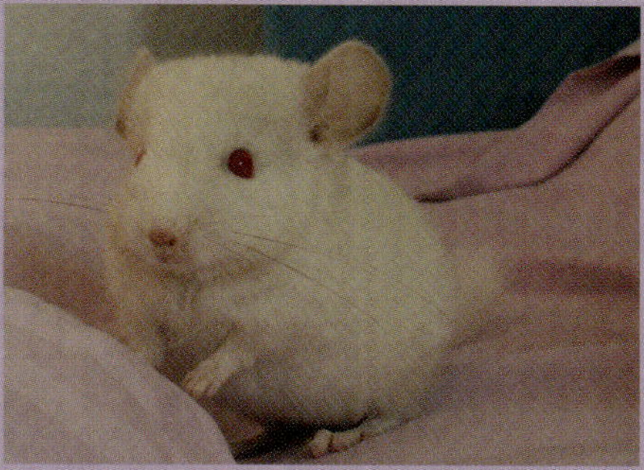

Auch Apricot trägt das W-Gen. (Foto: Hebbel)

Wilson White war die erste Mutation. (Foto: Wilson)

Pink White, genetisch kein echter Albino. (Foto: Hebbel)

Black Velvet. Aparter, sehr beliebter Farbschlag. (Foto: Jung)

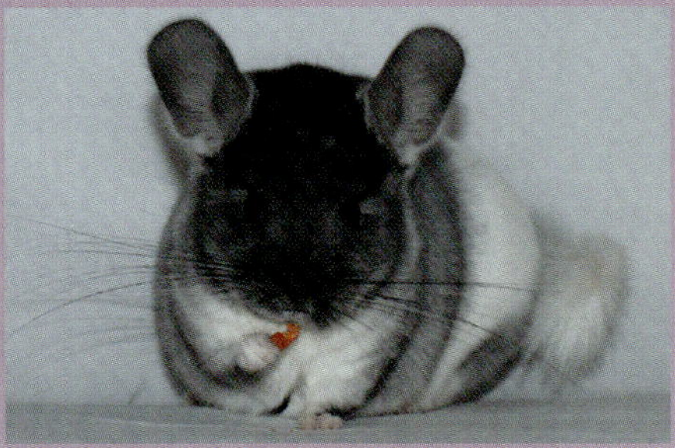

White Velvet. Das Gesicht ist grau, weil der Farbstoff Eumelanin hier sehr verdünnt ist. (Foto: Knoll)

Brown Velvet. Auch hier konzentriert sich der Farbstoff Eumelanin an Kopf und Rücken. (Foto: Wilson)

Beige war die zweite Mutation. Durch die Lichtverhältnisse ist das Rubinrot der Augen hier schlecht erkennbar. (Foto: Jung)

Velvet-Gen

Das Velvet-Gen ist ein Farbverteilungsgen, das bewirkt, dass der Farbstoff Eumelanin, der je nach Verdünnung die schwarze, braune oder graue Farbe verursacht, an Kopf und Rücken stark konzentriert ist. Der Bauch ist hingegen weiß. Das Velvet-Gen ist mit vielen Farben kombinierbar und hat ebenfalls einen Letalfaktor.

Beige

Diese häufige Farbe trat wie Wilson White 1955 auf. Typisch sind die rubinroten Augen und der weiße Bauch. Im Alter bilden sich braune Flecken an den Ohren. Heute gibt es mehrere Tönungen.

Ebony-Gene

Ebony sind mehrere zusammenwirkende Farbverteilungsgene. Sie werden teils rezessiv, teils dominant vererbt und bewirken eine einheitliche Färbung von Bauch und Rücken. Wie das Velvet-Gen lassen sie sich mit den meisten Farben kombinieren.

Beige Ebony. Bauch und Rücken sind einheitlich beige gefärbt. (Foto: Schulz)

Brown Ebony. Einheitlich schokoladenfarben. (Foto: Schulz)

Afro Violet Ebony. Beliebter Farbschlag. Das Violet-Gen erzeugt eine bestimmte Lichtbrechung im Haarschaft, wodurch das Fell violettfarben schimmert. (Foto: Schulz)

Ebony Dunkel. Einheitlich schwarz. (Foto: Schulz)

Silberschecke, vom Gencode wie Wilson White. (Foto: Schulz)

Noch einmal ein Silberschecke. (Foto: Wilson)

Noch sehr selten, das Lockenchinchilla. (Foto: Wilson)

Angora ist eine weitere Fellmutation, die in Holland und den USA vorkommt. (Foto: Wilson)

Silberschecke

Beim Chinchilla gibt es das Phänomen der schwach dominanten Gene. Das bedeutet, dass sie sich nicht ganz gegenüber der Grundfarbe durchsetzen, wie es dominante Gene sonst tun. Solch ein schwach dominantes Gen ist das Wilson-White-Gen, weshalb hier Schecken häufig sind. Es handelt sich um Weißvarianten, die sich nur vom Aussehen (Phänotyp) her unterscheiden, genauer gesagt in der Ausprägung der Graufärbung. Sie tragen alle denselben Gencode wie Wilson White (Ww) und wie die Farbe Silber und werden deshalb Silberschecken genannt.

Rex oder Lockenchinchilla

1963 wurde in den USA das erste Lockenchinchilla auf einer Pelzfarm geboren. Danach fielen hin und wieder Tiere, die aber für die Pelzzucht unrentabel waren. 2004 tauchten die sogenannten Rexe in zwei deutschen Zuchten auf. Mit ihnen wurde weitergezüchtet.

Fell- und Hautprobleme, wie sie bei Goldhamster und Farbmaus häufig sind – der Grund, weshalb Rexhamster in Deutschland nicht mehr gezüchtet werden –, sind beim Lockenchinchilla bislang unbekannt, vermutlich wegen der Felldichte. Manche Tiere verlieren im Alter wie Rex-Farbmäuse ihre Locken, andere nicht. Es hängt von der Zuchtlinie ab.

Vor dem Kauf

Bevor man sich entscheidet, ein Tier zu sich nach Hause zu holen, ist viel zu bedenken. Passen die Chinchillas zu schon vorhandenen Tieren? Passen sie wirklich zu einem selbst? Was tun im Urlaub? All das sind Fragen, die geklärt sein wollen.

Es versteht sich von selbst, dass kein Tier ohne Absprache verschenkt werden sollte, Chinchillas erst recht nicht. Doch auch von Mitleidskäufen ist abzuraten, denn so gern man helfen möchte – die Erfahrungen sind immer wieder, dass gleich das nächste Tier unter denselben schlechten Bedingungen gehalten wird. Besser ist es, das Veterinäramt zu informieren. Ein vorschnell gekauftes Tier, und sei es auch aus Mitleid, ist keine gute Lösung.

Für wen eignen sich Chinchillas?

Ohne Frage, es ist für die Entwicklung von Kindern sehr förderlich, ein Tier zu pflegen. Doch Chinchillas sind für Kinder nicht geeignet. Sie werden erst munter, wenn Kinder zu Bett müssen. Sie sind flink, zu überraschenden Sprüngen fähig, aber auch zart und

Es zeugt von Größe, auf die Anschaffung von Chinchillas zu verzichten, wenn man feststellt, dass die Voraussetzungen doch nicht gegeben sind. (Foto: Knoll)

müssen behutsam gegriffen werden. Die Motorik von Kindern ist meist noch nicht gut genug ausgebildet, um ein solches Tier nach dem allabendlichen Freilauf sicher einzufangen.

Auch für Jugendliche ist das Chinchilla nicht besonders geeignet. Es ist schwer, in diesem Alter für die nächsten 15 bis 18 Jahre vorauszuplanen. Soll das Chinchilla für den Sohn oder die Tochter angeschafft werden, muss das aber sein! Chinchillas binden sich an den Menschen, der sich viel mit ihnen beschäftigt. Es gibt genügend Berichte, dass sie trauern, wenn ihre Bezugsperson plötzlich nicht mehr da ist. Das soll nicht heißen, dass ich Chins für Jugendliche grundsätzlich für ungeeignet halte. Die Problematik, dass diese Tiere ein hohes Alter erreichen und Jugendliche ihre Interessen manchmal schnell wechseln, muss aber bedacht werden.

Auch für Studierende sind Chinchillas nicht ideal. Chins brauchen viel Platz, was in einer Studentenbude meist nicht gegeben ist. Sie erfordern auch eine andere Form der Beschäftigung als etwa ein Hamster. Kann man ihn für seinen Auslauf in ein zweites Terrarium oder einen Laufschrank setzen, ist das bei Chinchillas nicht möglich. Die Tierchen müssen beim Auslauf beaufsichtigt werden, damit sie in ihrem Knabberdrang keine Katastrophen verursachen. Davon abgesehen liegt ihre Hauptaktivitätsphase zwischen zwei und vier Uhr nachts. Es ist so gut wie unmöglich zu schlafen, wenn sich die Tiere im selben Raum befinden. Ein zweites Zimmer ist also ein Muss. Das scheitert oft am nötigen Kleingeld. Chins brauchen viel Beschäftigung, sonst verkümmern sie. Studierende, die sich regelmäßig in Stressphasen befinden, sollten das bedenken.

Ideal sind Chinchillas für Berufstätige. Wenn sie von der Arbeit heimkommen, bleibt noch Zeit für den Haushalt und zum Ausruhen. Dann werden die Chinchillas erwachen. Und nichts kann entspannender sein, als seinen Chins beim Freilauf und Spiel zuzuschauen.

Urlaub – wohin mit den Chinchillas?

Es ist nur schwer möglich, Chinchillas in den Urlaub mitzunehmen. Die Tiere sind sehr viel stressanfälliger als Rennmäuse, Kaninchen, Meerschweinchen oder Hamster, die sich im Auto über längere Strecken mitnehmen lassen, vorausgesetzt, sie sind keinem Zigarettenrauch, lauter Musik oder starker Sonne ausgesetzt. Kann man solchen Nagern ihr Heim mitgeben, dürfte ein großes Chinchillaheim hingegen kaum mehr in einen Pkw hineinpassen. Hinzu kommt, dass Chinchillas noch hitzeempfindlicher sind als die meisten beliebten Nager. Ab 25 Grad wird es kritisch!

Abgesehen davon stellt sich die Frage, ob denn die Chins am Urlaubsort ihren Auslauf bekommen können. Das ist in einem Hotelzimmer keineswegs selbstverständlich, im Gegenteil dürfte der Ärger fast schon vorprogrammiert sein. Eine Alternative sind tierfreundliche Pensionen, die über Tierzeitschriften zu finden sind. Die ideale Lösung ist eine Urlaubspflege auf Gegenseitigkeit mit anderen Chinchillahaltern oder ein Tierpflegeplatz.

Wo bekommt man Chinchillas?

Die erste Wahl sind Tiere aus einer guten Liebhaberzucht, zu finden übers Internet, durch Aushänge oder Annoncen. Vorteil von solchen Zuchten ist, dass die Tiere meist sehr zutraulich sind und Sie auch nach dem Kauf fachkundig beraten werden. Hier lohnen sich etwas weitere Fahrten.

Tiere von Pelztierfarmen

Die Entscheidung, ob Sie ein Chinchilla von einer Pelztierzuchtfarm möchten, liegt bei Ihnen. Viele Zooläden beziehen Tiere von dort, weil sie sehr günstig sind, wenn auch oft etwas scheu.

Tierheime

Viele Chinchillas fristen in Tierheimen ein trauriges Dasein. Sofern es sich nicht um ausgefallene Farbschläge handelt, gelten sie als schwer vermittelbar. Auch hier sindzahme Tiere zu bekommen.

Kaufhäuser

Hiervon rate ich völlig ab, sofern sich die Haltungsbedingungen nicht grundlegend verbessern. Die Stressbelastung ist enorm durch permanente Musikberieselung und das direkte Sitzen unter Neonlicht, das abgesehen vom unnatürlichen Lichtspektrum ständig etwas flackert. Letzteres ist zwar für unsere Augen kaum wahrnehmbar, für Tiere, noch dazu nachtaktive, bedeutet es jedoch Dauerstress. Die Käfige sind von einer artgerechten Einrichtung weit entfernt.

Es gibt allerdings spezielle Fachmärkte für Heimtierbedarf, die beweisen, dass es auch anders geht. Nager sitzen dort in Käfigen ohne direkte Beleuchtung und Musik. Mit einer Checkliste, die dem Kunden ausgehändigt wird, wird vor dem Kauf gemeinsam mit einem Mitarbeiter der Gesundheitszustand des Tiers überprüft.

Auch aus Tierheimen oder Pflegestellen sind zahme Chinchillas zu bekommen. (Foto: Knoll)

Allergietest

Vor dem Kauf empfiehlt sich ein Test, um eine Allergie gegen die Haare, den Kot oder Speichel von Chinchillas auszuschließen. Bestimmt wird man Ihnen in guten Zooläden einige Haare, Kot und benutzte Einstreu zur Verfügung stellen. Oder es finden sich hilfsbereite Züchter, die Ihnen eine Probe zusenden.

Chinchillas und andere Heimtiere

Sofern Sie bereits andere Heimtiere haben, ist vor dem Kauf von Chinchillas in Betracht zu ziehen, ob eine Haltung im selben Haushalt möglich ist. Tagaktive Tiere dürfen nicht mit Chinchillas im selben Raum untergebracht sein, da sich die Tiere gegenseitig beim Schlafen stören. Bei Vögeln kommt hinzu, dass Chinchillas diese instinktiv als Raubvögel empfinden, was sie unter Dauerstress setzt. Katze und Frettchen sollten am besten gar nicht erst in die Nähe der Chins kommen. Zwischen Chinchilla und Hund kann es manchmal Freundschaften geben, dennoch ist Vorsicht geboten.

Meerschweinchen oder Kaninchen kann man meistens mit den Chins am frühen Abend zusammen laufen lassen, doch nur unter Aufsicht. Chinchillas und kleinere Nager haben sich in der Regel wenig zu sagen. Beim gemeinsamen Freilauf besteht eher die Gefahr, dass die Chins sie mit ihren wilden Sprüngen verletzen.

Auf keinen Fall dürfen Chinchillas mit anderen Nagern vergesellschaftet, also im selben Käfig untergebracht werden. Allein schon die Ernährung unterscheidet sich grundlegend.

Geschlechtsunterschied

Die Harnröhre des Weibchens liegt in einer Art Zapfen, der oft mit dem Penis verwechselt wird. Der Abstand zwischen diesem Zapfen und der Vagina ist beim Weibchen kleiner als der Abstand zwischen Penis und After beim Männchen.

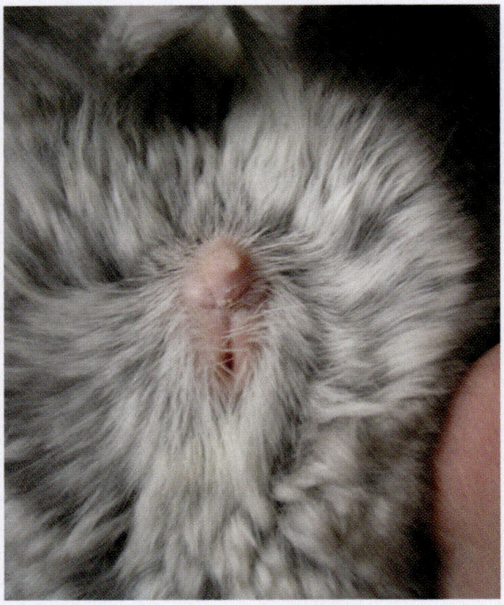

Hier das weibliche Geschlechtsteil ... (Foto: Wilson)

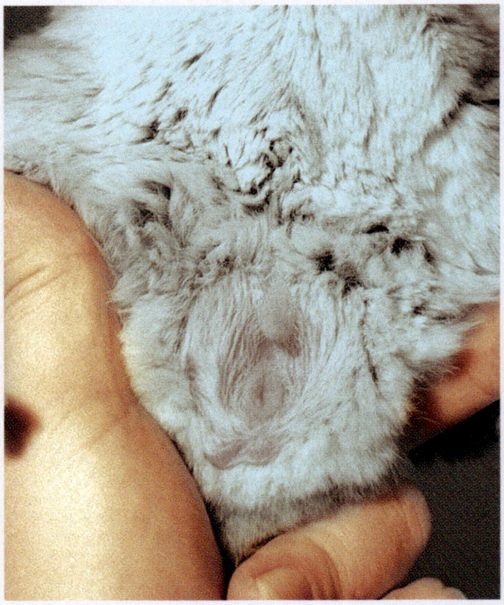

... und hier das des Männchens. (Foto: Fox)

Gesundheitscheckliste

- Die Augen sind klar und glänzend, ohne Ausfluss oder Tränen.
- Die Nase ist sauber und trocken.
- Die Zähne sind orange oder gelbbraun und gleichmäßig lang.
- Das Maul ist geruchlos und ohne übermäßige Speichelbildung.
- Die Tasthaare sind gleichmäßig lang.
- Die Ohren sind sauber, ohne Verkrustung.
- Das Fell ist flauschig, gleichmäßig gewachsen und ohne kahle Stellen.
- Die Haut ist rosa, elastisch und ohne Schuppen.
- Der Rücken ist gerade.
- Der Po ist trocken und sauber.
- Die Nägel sind gleichmäßig lang.
- Die Fußsohlen sind sauber.
- Zitzen und Genitalien sind unauffällig.
- Die Atmung ist gleichmäßig und ruhig, ohne Röcheln oder Rasseln.
- Das Verhalten nach dem Wecken ist munter und neugierig.

Heimfahrt

Da Zugluft schadet, muss die Transportbox rundum geschlossen sein und darf nur oben schmale Lüftungsschlitze haben. Meiden Sie Drahtgitterboxen, auch wenn sie immer noch im Handel angeboten werden. Das Tier ist darin Zugluft und der Witterung schutzlos ausgesetzt. Ein Teil der bisherigen Einstreu ist mitzugeben, damit der vertraute Geruch erhalten bleibt.

Ein gesundes Tier ist lebhaft und neugierig. (Foto: Jung)

Rechtskunde

Das folgende Kapitel soll keineswegs zu Rechtsstreiten anstacheln, sondern helfen, den Blick für Missstände zu schärfen und Zivilcourage zu zeigen. Sie setzen ein Zeichen und helfen den Tieren auf lange Sicht, wenn Sie eine ungewollte Trächtigkeit reklamieren. Wie sich am Beispiel vieler anderer Nager zeigt, fördern ungewollte Vermehrungen den Anstieg von Erbkrankheiten, da man nicht das Geringste über die Vorfahren und deren Erkrankungen weiß.

Klänge es nicht zu sehr nach erhobenem Zeigefinger, so ließe sich durchaus die Forderung formulieren, dass auch ein Heimtier es verdient hat, geplant und erwünscht zur Welt zu kommen und nicht als „Zooladenpanne“.

Haltung und Zucht von Chinchillas in Mietwohnungen

Grundsätzlich ist die Haltung von Kleintieren in Käfigen oder Terrarien erlaubt, sofern von ihnen keine Geruchs- oder andere Belästigung ausgeht. Der Vermieter muss darüber nicht in Kenntnis gesetzt werden und es bedarf auch nicht seiner Genehmigung. Sogenannte Ausschlussklauseln im Mietvertrag, etwa dass eine Tierhaltung nicht zulässig sei, haben keine Gültigkeit, sie sind im Juristenjargon „nicht rechtskräftig“. Sie können solche Klauseln sogar bedenkenlos unterschreiben.

Eine Zucht muss vom Vermieter genehmigt werden. (Foto: Jahrsdörfer)

Für Ratten gibt es Sonderurteile, für Chinchillas nicht.

Eine Zucht, auch eine Hobbyzucht, muss dagegen kein Vermieter dulden. Hier muss unbedingt eine Genehmigung eingeholt werden, sonst kann das ein Kündigungsgrund sein.

Gewerbliche Zucht

Eine gewerbliche Tierzucht muss im Gegensatz zur Hobbyzucht vom Veterinäramt genehmigt werden. Was eine gewerbliche Zucht ist, hängt maßgeblich davon ab, ob die Zucht mit einer sogenannten Gewinnerzielungsabsicht betrieben wird (Allgemeine Verwaltungsvorschrift zur Durchführung des Tierschutzgesetzes vom 9. Februar 2000). Davon, dass der Züchter mit seinen Tieren Geld verdienen will, geht man in der Regel dann aus, wenn der Jahresgewinn über 2.000 Euro beträgt und wenn größere Mengen von Tieren gehalten oder sehr viele Jungtiere verkauft werden; bei Chinchillas wären das etwa 100 Tiere im Jahr.

Schadenersatz bei Kauf eines schwangeren Tieres?

Man könnte ein Buch füllen mit Geschichten über schwangere Nagetiere oder über Pärchen, die sich getreu dem biblischen Spruch „Seid fruchtbar und mehret euch" verhielten, trotz der treuherzigen Zusicherung des Zoohandelpersonals, dass es sich um Tiere desselben Geschlechts handle. Unverhoffter Nachwuchs bedeutet, dass man oft auf den Tieren sitzen bleibt, besonders, wenn es sich um „nur" standardfarbene Chinchillas handelt. Manchmal greifen trächtige Weibchen auch den Bock an.

Das Zauberwort bei einem Missstand war schon immer Aufklärung. Zunächst einmal Aufklärung, damit sich „in den Köpfen etwas ändert". Nun, das ist auch geschehen: In jedem Buch findet sich Aufklärung zum „kleinen Unterschied". Genützt hat es offenbar wenig – kaum eine Woche vergeht, in der mich nicht ein neuer Hilferuf ereilt.

Ein Grund ist, dass das „Fachpersonal" schon lange keins mehr ist, sondern es sich oft um Aushilfskräfte handelt. Doch ich erinnere ans Vorwort, hier ist Solidarität vonnöten. Das Personal trägt selten Schuld an der Misere. Der arbeitslose Maler kann nichts dafür, wenn er von der Agentur für Arbeit in

Gizmo wurde zerbissen, da unwissentlich ein trächtiges Tier gekauft wurde, das plötzlich aggressiv wurde. (Foto: Fox)

Unfreiwilliger Nachwuchs überfordert oft. (Foto: Hebbel)

ein Verkaufsgebiet gestoßen wird, von dem er nicht die geringste Ahnung hat. Die richtige Adresse für eine Beschwerde ist also der Geschäftsführer. Ich appelliere an Sie, diesen Weg tatsächlich zu gehen. Der berühmte Konsumenten-druck hat schon öfter Wunder bewirkt.

Die Rechtslage

Grundsätzlich haben Sie im Falle einer ungewollten Schwangerschaft Ihres Chinchillas Anspruch auf Schadensersatz. Er ergibt sich aus dem Paragrafen 459 BGB. Demnach besteht beim Mangel einer Kaufsache das Recht auf Schadensersatz oder Rückgabe bei Erstattung des Kaufpreises. Vorher muss dem Verkäufer eine kostenlose Nachbesserung ermöglicht werden, was bei einem schwangeren Tier aber nicht geht.

Am besten lassen Sie sich vor dem Kauf schriftlich zusichern, dass das Chinchilla nicht trächtig ist. So können Sie später beweisen, dass Sie von der Schwangerschaft nichts wussten. Bei Kenntnis des Mangels seitens des Käufers haftet der Verkäufer nämlich nicht.

Dass es sich bei der Trächtigkeit tatsächlich um einen Mangel handelt, lässt sich damit begründen, dass für Sie als Laie mit den Jungtieren kein Geld zu verdienen ist, sondern Sie eher darauf sitzen bleiben. Das bedeutet höhere Versorgungskosten und die Anschaffung zusätzlicher Käfige. Das Mindeste ist, dass man sich bereit erklärt, die Jungen abzunehmen, was ein seriöser Laden sicher tun wird. Eine Panne, etwa dass ein deckfreudiger Bock ausbricht, kann immer mal passieren.

Die erste Zeit im neuen Zuhause

Vor der Ankunft der Chinchillas muss das Heim fertig eingerichtet sein. In der ersten Zeit sind die Tiere so weit wie möglich in Ruhe zu lassen, ohne Auslauf. Wie lange, ist von Tier zu Tier unterschiedlich. Sie können sich ruhig dazusetzen, wenn die Chins ihr Heim in Besitz nehmen, dadurch wird schon der erste Kontakt hergestellt.

Die richtige Handhabung

Aufgrund der besonderen Beschaffenheit des Fells können Chinchillas bei Gefahr ganze Fellbüschel abwerfen. In freier Natur kann sie das vor dem Zugriff von Raubvögeln retten. Es dauert lange, bis das Fell vollständig nachgewachsen ist, etwa zwei bis drei Monate. Das Chinchilla wird deshalb nie von oben gegriffen, weil es dies als Angriff aus der Luft empfindet, sondern mit beiden Händen unter dem Bauch. Anschließend umgreift eine Hand den Bauch, die andere hält direkt an der Schwanzwurzel fest. Niemals das Chin am Schwanz hochheben!

Die Sprache der Chinchillas

Chinchillas verfügen über eine große Bandbreite an Lauten und Tönen, mit denen sie sich untereinander verständigen. Viele davon sind immer noch nicht gänzlich erforscht.

Lautäußerungen

Wohlgefühl: Mehrere leise, kurze Quiektöne. Werden oft beim Auslauf geäußert.
Angstlaut: Hoher, schriller, langer Schrei.
Geburtsschrei: Ähnlich wie der Angstlaut, wird vor der Geburt ausgestoßen.

Das Chinchilla wird zur Sicherung an der Schwanzwurzel gehalten. (Foto: Fox)

Warnlaut: Mehrere Töne kurz hintereinander, wie eine Art Bellen.
Schmerzenslaut: Wimmern, auch beim Träumen. Auch Zähneknirschen.
Eifersucht: Hohe Piepstöne.
Unmut: Kurzer meckernder Laut.

Verhaltensweisen

Zähneklappern: Unbehagen, möchte in Ruhe gelassen werden.
Aufrichten: Angst- und Drohgebärde, oft bei Rangkämpfen.
Urin verspritzen: Abwehr.
Schwanzwedeln: Aufregung.
Männchen machen: Aufmerksamkeitsgeste.
Kot fressen: Normales Verhalten, wodurch die Tiere Vitamin B aufnehmen.

(Foto: Knoll)

Zähmung in fünf Schritten

1 Nur Geduld! Selbst ältere, scheue Chins können noch zahm werden. Das kann schon durch die tägliche Pflege geschehen, ohne dass Sie immerzu verbissen die weiteren Zähmungsmethoden anwenden müssen.

2 Legen Sie beim Freilauf einen Leckerbissen dicht vor sich. Verharren Sie ruhig. Greifen Sie nicht mit der Hand nach dem Tier. Den ersten Bissen wird das Chin noch zögerlich und furchtsam nehmen. Erst wenn es dabei keine Scheu mehr zeigt, folgt ...

3 Legen Sie einen Leckerbissen in die ausgestreckte Hand. Am Anfang strecken Sie die Hand weit vom Körper weg. Ist das Chin sehr ängstlich, können Sie sich zusätzlich flach auf den Boden legen, um dem Tier die Angst zu nehmen. So wirken Sie auf das Chin kleiner, von der Größe fast wie ein Artgenosse.

4 Frisst das Chin ohne Scheu von der Hand, legen Sie den Leckerbissen auf den Arm, sodass es gezwungen ist, auf Ihren Körper zu kommen. Bewegen Sie sich nicht.

5 Kommt es ohne Furcht und bleibt ruhig sitzen, können Sie es sanft hinter den Ohren streicheln. Ihr Chin ist nun schon sehr zahm.

Haltung

Ein einzeln gehaltenes Chinchilla vereinsamt. Der Mensch ist kein Ersatz für die Gruppe, in der Chinchillas in freier Natur leben. (Foto: Swartout)

Chinchillas bewohnen in freier Natur Felshänge und bewegen sich kaum auf dem Erdboden. In Heimtierhaltung setzen sie dieses Verhalten fort, weshalb es wichtig ist, ihnen viele Klettermöglichkeiten zu bieten. Doch zu einer guten, annähernd artgerechten Haltung gehört weitaus mehr als nur ein großer, kletter- und sprunggerechter Käfig.

Jamàs sólo! – Niemals allein!

Auch wenn in der Literatur öfter der Rat erteilt wird, nur ein Chinchilla zu halten, damit sich das Tier „leichter an den Menschen gewöhnt" oder „zutraulicher wird", muss dem aufs Entschiedenste widersprochen werden! Diese Haltungsform entspricht nicht der natürlichen Lebensweise. Chinchillas leben in freier Natur im Normalfall nicht allein, sondern in Kolonien zu etwa 10 bis 20 Tieren. Mehrere Weibchen leben mit ihren Jungen und einem Alphabock zusammen. Frühen Berichten aus dem 17., 18. und auch noch dem 19. Jahrhundert zufolge, als die Bestände noch nicht so dezimiert waren, wurden in Kolonien sogar um die 100 Tiere gesichtet!

Um aufs erste Argument einzugehen: Dass einzeln gehaltene Chinchillas zutraulicher werden, stimmt noch nicht einmal! Es gibt genügend Erfahrungsberichte, die dem ebenso vehement wie ich widersprechen. Im Gegenteil blühten Chins, die ich als Notfalltiere aus einer Einzelhaltung übernahm, richtig auf, als sie Gesellschaft bekamen. Was bei allein gehaltenen Tieren wie Zutraulichkeit wirkt, ist oft eher Einsamkeit, die das Chinchilla auszugleichen versucht, indem es den scheinbar engen Kontakt zum Menschen sucht. Ein Chinchilla in Einzelhaltung kann Verhaltensstörungen wie Fellbeißen oder Appetitmangel entwickeln. Die Tiere kuscheln sich beim Schlafen immer zusammen, spielen miteinander, betreiben gegenseitig Fellpflege und verständigen sich miteinander in einer Lautsprache, die der Mensch beim besten Willen nicht in der Lage ist nachzuahmen.

Ein weiteres häufig für die Einzelhaltung angeführtes Argument ist, dass es bei mehreren Tieren mitunter zu Stress wegen Überbelegung käme. Überbelegung erzeugt Stress, das ist richtig, die Schlussfolgerung jedoch ist falsch. Eine Überbelegung – in freier Natur spricht man von Überpopulation – bedeutet, dass zu viele Tiere in einem nicht genügend großen Revier leben beziehungsweise gehalten werden.

Ein ausreichend großer Käfig für wenigstens zwei Tiere ist aber Grundvoraussetzung, sein vorläufiges Fehlen darf kein Argument für eine Einzelhaltung sein.

Ein drittes Argument, dass zwei Chinchillas teurer seien, werden Sie hoffentlich nicht ernsthaft in Erwägung ziehen. Sonst müsste ich Sie jetzt etwas ironisch fragen, warum Sie dieses Buch nicht zuklappen und gar kein Chinchilla kaufen. Wie viel Geld dabei gespart würde ...

Standort des Käfigs

Der Standort muss sehr ruhig sein, die Tiere dürfen tagsüber nicht gestört werden. Ideal ist ein eigenes Chinchillazimmer, schon wegen der Raumtemperatur, die zwischen 16 und 22 Grad liegen sollte. In normal beheizten Räumen übersteigt sie aber oft 22 Grad, und schon ab 25 Grad wird die Hitzebelastung für ein Chinchilla kritisch! Im Sommer sind solche Temperaturen in den Wohnungen nicht selten, weshalb wenigstens durch tagsüber geschlossene Rollläden Vorsorge zu treffen ist.

Die Luftfeuchtigkeit muss niedrig sein. Sie darf 60 Prozent nicht überschreiten, sondern soll bei 50 Prozent liegen. In freier Natur liegt sie wegen des spärlichen Pflanzenwuchses sogar unter 40 Prozent!

Wegen der Hitzeempfindlichkeit des Chinchillas ist schon bei Temperaturen über 20 Grad auf eine gute Belüftung zu achten. Dabei dürfen die Tiere jedoch keiner Zugluft ausgesetzt sein. Laut Gabrisch und Zwart („Krankheiten der Heimtiere“) werden dagegen Temperaturen unter 12 Grad problemlos vertragen, wenn die dabei entstehende höhere Luftfeuchtigkeit durch Luftentfeuchter gesenkt wird und der höhere Energiebedarf durch größere Futtermengen ausgeglichen wird. Das begünstigt sogar eine Zucht.

Versuche früherer Züchter, bis in die Sechzigerjahre hinein Chinchillas in Kellerräumen oder Garagen zu halten, scheiterten regelmäßig und führten zum Tod der Tiere, schon wegen der zu hohen Luftfeuchtigkeit. Auch eine Außenhaltung klappt in unserem Klima nicht!

Chinchillas benötigen den Rhythmus des Tag- und Nachtwechsels. Sie in einem dunklen Raum zu halten, ist nur möglich, wenn dieser Rhythmus durch eine künstliche Beleuchtung aufrechterhalten wird.

Wärmelampe

Das Sonnenlichtspektrum, also Licht, das einen gewissen UV-Anteil beinhaltet, brauchen Chinchillas nicht. Dennoch gibt es Halter, die ihren

Chins eine Wärmelampe spendieren, was den Tieren offenkundig gut gefällt. Ein Fehler ist das sicher nicht, sofern die Tiere Ausweichmöglichkeiten ins Kühlere haben. Die Leistung der Lampe darf dabei nur nicht zu hoch sein, etwa 40 bis 60 Watt.

Anzunehmen, dass Chinchillas in freier Natur vom Sonnenlicht in ihren Felsspalten bestenfalls gestreift würden, trifft den Sachverhalt nicht ganz. Es ist belegt, dass sie tagsüber manchmal zum Fressen kurz herauskommen. Berichten zufolge wurden sie schon vor ihren Felsenhöhlen in der Sonne liegend gesichtet, schlafend oder dösend zwar, doch dabei offenkundig die Wärme der Sonne aufsuchend. Auch Bickel berichtet, dass sich die Tiere gegen Sonnenuntergang gern in der Sonne wärmen.

Eigenbau von Sven Lammer. (Foto: Oettinger)

Der geeignete Käfig

Es gibt eine Empfehlung der EU für die Maße eines Käfigs für zwei Tiere: 1 Meter Länge und Höhe x 50 Zentimeter Tiefe. Die Empfehlung ist in Deutschland noch nicht verbindlich, wobei das nur noch eine Frage der Zeit ist. Es handelt sich aber um das absolute Mindestmaß, besser ist ein größerer Eigenbau.

Die meisten käuflichen Käfige sind zu klein. Ausreichend große kosten meist so viel, dass dafür das Material für einen geräumigen Eigenbau finanzierbar ist. Da Chins alles annagen, müssen beim Gitterkäfig die Stäbe unlackiert sein. Ihr Abstand darf 1,5 Zentimeter nicht übersteigen. Der Käfig darf nicht frei im Raum stehen, mindestens eine Wand benötigen die Tiere zum Rückzug. Er darf auch nicht am Boden stehen, da jede Bewegung, die von oben kommt, bei Chinchillas einen Fluchtreflex auslöst, seien das nun Menschen, die vorbeigehen, oder angreifende Raubvögel.

Einstreu

Am gängigsten ist Kleintierstreu aus Holzspänen, es gibt jedoch große Qualitätsunterschiede bei der Staubarmut. Hanfstreu ist eine fast staubfreie und ökologische Alternative. Selbstverständlich ist sie nicht berauschend, da sie aus THC-freien Pflanzen hergestellt wird.

Maisstreu ist auch staubarm, doch teurer und etwas härter. Leinstreu ist ebenfalls staubarm, aber auch nicht ganz preisgünstig.

Heu-, Hanf- oder Holzpellets sind für andere „Heimtiernager“ wegen der hohen Saugkraft bedingt empfehlbar, allerdings nur bei Diabetes, wenn die Tiere viel urinieren. In diesem Fall können sie als untere Grundlage mit einer Schicht anderer Einstreu darüber verwendet werden. Für Chinchillas, deren Verdauungssystem besonders empfindlich ist, sind sie völlig ungeeignet! Die Tiere können schlecht darauf laufen und durch die Härte werden Ballenabszesse begünstigt. Zudem sind Todesfälle bekannt durch gefressene Pellets, die im Magen aufquollen. Auch Katzenstreu kann im Magen der Tiere verklumpen, mit tödlichem Ausgang.

Stroh und Heu sind als komplette Einstreu untauglich. Beides ist nicht saugfähig und schimmelt bei Feuchtigkeit schnell.

Sitzbretter

Zur Käfigeinrichtung gehören mehrere Sitzbretter, die auf verschiedenen Ebenen angebracht sind, etwa im Abstand von 30 bis 40 Zentimetern. Geht das Chinchillaheim über die Höhe von einem Meter hinaus, müssen Zwischenebenen angebracht werden. Sonst können die Chinchillas durchaus abstürzen.

Einige Käfigbauten als Anregung

(Foto: Swartout)

(Foto: Jahrsdörfer)

Obergeschoss ...

... und Untergeschoss eines geräumigen Chinchillaheims. (Fotos: Lintz)

Es fragt sich, ob beschichtete oder lackierte Bretter, die leichter als Naturholzbretter zu reinigen sind und sich weitaus weniger mit Urin vollsaugen, im Chinchillakäfig gerade noch vertretbar sind. Sicher sind die heutigen Lacke weitaus unschädlicher als früher. Solche mit dem Umweltsiegel können den Angaben der Hersteller zufolge sogar in geringen Mengen von einem kleinen Kind geschluckt werden, ohne bleibende gesundheitliche Schäden zu verursachen. Ich rate dennoch ab. Ein Kind hat einen weniger anfälligen Darm als ein Chinchilla und es kann bei übermäßigem Lackverzehr erbrechen, was das Tier nicht kann.

Unbehandelte Bretter sind unbedenklich und auch nicht viel teurer. Wer will, kann die Bretter vor dem Anknabbern mit einer Metallleiste schützen.

Kletteräste

Kräftige Äste zum Klettern, die sicher im Käfig befestigt werden, sind ein Muss. Dünne Baumzweige bieten ein gutes Knabberspielzeug und sind außerdem mineralstoff- und vitaminreich.

Einem hartnäckigen Gerücht zufolge, das im Internet kursiert, sollen jedoch die Zweige von Steinobstbäumen giftige Blausäure enthalten. Da ich solche Zweige an viele meiner Nager schon verfüttert hatte, unternahm ich damals für meine beiden Hamsterbücher aufwendige Recherchen. Baumschulen und Gärtnereien waren sehr verwundert, weil Kaninchen und andere Nager ihre jungen Obstbäume vielmehr oft mit Begeisterung zernagten, und das ohne die geringste Vergiftung. Dr. Petra Wolf von der Tierärztlichen Hochschule Hannover berichtete mir dann, dass sie im Jahr 1995/96 eine leider unveröffentlichte Studie durchgeführt hat. Es wurden sämtliche einheimischen Kernobstbäume und Laubbäume getestet. Lediglich Pappel- und Weidezweige enthalten blausäurehaltige Verbindungen, doch in sehr geringem Maß. Eine 2003 an der Universität Zürich durchgeführte Untersuchung kam zu demselben Ergebnis.

Richtig ist, dass die Samen der Kerne von Steinobst giftige Blausäure enthalten. Die Zweige von Steinobstbäumen enthalten hingegen keine Blausäure. (Foto: Swartout)

Von allen einheimischen Laubbäumen dürfen Kletteräste und Knabberzweige gereicht werden. Nur ungespritzt müssen sie sein. Schädlich sind Nadelbäume wegen des Harzes.

Allerlei Zubehör

Gemäß dem Vorwort wird in diesem Kapitel kein Blatt vor den Mund genommen, sondern vor gefährlichem Zubehör deutlich gewarnt.

Kein Plastik!
Grundsätzlich ist bei der gesamten Käfigeinrichtung auf Plastik zu verzichten. Verschluckte Splitter können zu schweren Gesundheitsschäden führen. Chinchillas sind nun mal knabberfreudig wie sonst kaum eine Nagerart. Plastik fördert außerdem die Bildung von Kondenswasser, was wiederum Atemwegserkrankungen begünstigt.

Trinkflasche
Frisches Wasser muss immer zur Verfügung stehen. In Gegenden mit belastetem oder kalkhaltigem Trinkwasser empfiehlt sich ein Wasserfilter. Die Flasche wird außen am Käfig angebracht, um nicht angenagt zu werden.

(Foto: Schulz)

Futternapf
Er muss schwer sein, damit er nicht umgeworfen wird, und hoch stehen, damit er nicht zugeschüttet wird. Es eignet sich lasierter Ton, Porzellan oder Keramik.

Schlafhaus
Da Chinchillas in Höhlen schlafen, ist ein Haus nötig. Es eignet sich Ton, Keramik, Metall oder Holz, doch keines aus Sperrholz oder Spanplatten, da sie verleimt sind. Das Haus muss möglichst hoch stehen, da Chins ungern am Boden schlafen.

Hängematte
Es gibt Tiere, die eine Hängematte gern nutzen und sie erstaunlicherweise kaum bis gar nicht annagen. Wieso sie das nicht tun und warum sich nur manche Tiere gern in die Matte legen, ist eines der letzten Rätsel, die uns Chinchillas aufgeben.

Heuraufe
Da ich schon einige Geschichten von Chinchillas gehört habe, die sich die Pfoten oder sogar den Kopf darin einklemmten, bin ich geneigt, ganz von den handelsüblichen Drahtgitterheuraufen abzuraten.

Um Unfälle zu vermeiden, wird oft geraten, die Raufe außen anzubringen. Ein Teil der Raufe hängt aber immer noch im Käfig. Ein kleinerer Nachteil ist noch, dass das Heu dann im Zimmer landet. Außerdem lässt sich die Raufe nur an einem Gitterkäfig leicht befestigen, beim Holzbau muss eine Öffnung ins Holz gesägt werden. Unbedenklich sind Heuraufen aus durchgehendem Metall, die sich Züchter in speziellen Internetshops bestellen. Hier fällt auch kein Heu mehr heraus. Solche Shops sind aber selten und nicht einfach ausfindig zu machen.

Es lässt sich auch ganz auf eine Heuraufe verzichten und dennoch verhindern, dass die Chinchillas auf das Heu urinieren. Dazu stopft man es in eine enge Röhre, in die die Tiere nicht kriechen können. Oder man legt es auf ein Brett, über dem in geringem Abstand ein zweites Brett montiert wurde. Wird dennoch aufs Heu uriniert, ist dieses sofort zu entfernen. Feuchtes Heu schimmelt leicht und ist extrem gesundheitsschädlich.

Heuball

Dies ist eine Variante der Heuraufe: ein kugelförmiges Drahtgeflecht, worin das Heu aufgehängt wird. Hier kenne ich aber noch weitaus mehr Berichte von Verletzungen durch die Drahtenden und eingeklemmten Pfoten und Köpfen im Drahtgitter mit Todesfolge

Kalkstein

Da die Zähne aller Nager nachwachsen, müssen sie regelmäßig abgerieben werden. Kalksteine, die als sogenannte Nagesteine im Handel erhältlich sind, sind dafür jedoch völlig ungeeignet. Dentin, die Bausubstanz der Zähne, ist die härteste biologische Substanz, die wir kennen. Nur durch Reiben der Zähne aneinander kann Zahnabrieb geschehen. Das geschieht beim Zerkleinern von Heu, Holz und harten Futterpartikeln.

Ein Kalkstein kann darüber hinaus zu einem schädlichen Calciumüberschuss führen. Es bildet sich das schwer lösliche Salz Calciumoxalat, das nicht mehr ausreichend ausgespült wird, sondern sich als Blasen- und Nierensteine im Körper ablagert. Calcium steht außerdem in Wechselwirkung mit Vitamin D. Bei einer Überversorgung mit Calcium kann deshalb auch ein Überschuss von Vitamin D auftreten, das dann eine echte Giftwirkung hat.

Mineralienstein

Die Gefahr einer Mineralienüberversorgung ist auch hier gegeben. Zwar ist er ausgewogener als ein Kalkstein, da er viele verschiedene Mineralien enthält. Bei einer gesunden Ernährung ist er aber im Normalfall nicht nötig. Sinnvoller sind Futterzusätze, die auch Vitamine enthalten, doch nur in Ausnahmefällen wie bei Krankheit, in der Stillzeit oder bei Stress und in Absprache mit dem Tierarzt.

Ytongstein

Auch ein Ytongstein ist zum Zahnabrieb ungeeignet, wenngleich er öfter als Spielzeug

Auch ein Ytongstein ist nicht ganz unbedenklich im Hinblick auf eine Calciumüberversorgung. (Foto: Knoll)

angeboten wird. Im Hinblick auf eine Calciumüberversorgung habe ich ebenso Bedenken, wenn auch Berichten zufolge der Stein vorwiegend zernagt und kaum gefressen wird. Will man einen anbieten, sind die rund geknabberten Flächen immer wieder kantig zu schleifen, damit der Stein weiter benagt wird.

Holzbrücken

Auf die Gefährlichkeit eines Kupferüberschusses muss sicher nicht eingegangen werden. Viele der im Handel erhältlichen Holzbrücken werden dennoch von Kupferdraht zusammengehalten, weil das viel kostengünstiger ist, als ein Seil um jeden einzelnen Stock zu wickeln.

Da gute Pellets in ausreichendem Maße Kupfer enthalten, ist die Brücke zu entfernen, sollten die Chinchillas den Kupferdraht annagen. Ein Alarmsignal ist die Verdunkelung des Urins.

Chinchillas lieben alle röhrenartigen und dunklen Verstecke. (Foto: Knoll)

Röhren

Tonröhren sind optimal und werden auch als Haus angenommen. Der Mindestdurchmesser muss 12 Zentimeter sein. Ein schönes Tunnelsystem bilden zusammengefasste Tonröhren für Weinflaschen. Bei Metallrohren ist darauf zu achten, dass sie keine scharfen Kanten haben.

Korkröhren

Sie eignen sich zum Klettern, als Verbindungssteg zwischen Sitzbrettern oder als Schlafplatz. Falls vorhanden, sind Moose und Flechten zu entfernen. Der Anteil an der im Kork enthaltenen Gerbsäure, die im Übermaß schädlich ist, verringert sich durch die Lagerung erheblich. Dennoch empfiehlt sich, den Kork zu Anfang mit heißem Wasser abzuspülen wie auch später regelmäßig, da die Tiere gern in die Röhren urinieren.

Tipp

Auf Reptilienbörsen gibt es Kork und Wurzelhölzer enorm günstig.

Das Sandbad

Chinchillas benötigen ein tägliches Sandbad zur Fellpflege und zum Stressabbau. In freier Natur pflegen sie ihr Fell durch Wälzen in feinem Sand oder Staub. Dieses Sandbad entfernt Verunreinigungen, Feuchtigkeit und überschüssiges Fett, das Lanolin, das die

Tiere zur Hautpflege produzieren, und wirkt gleichzeitig entspannend. Ohne das würde das Fell der Chinchillas verfilzen und verkleben. Es verlöre sein Volumen und böte keinen guten Schutz mehr gegen die Kälte.

Chinchillasand

Chinchillasand ist kein gesetzlich geschützter Begriff! Es muss in aller Deutlichkeit gesagt werden, dass öfter im Handel irgendwelcher Sand als Chinchillasand angeboten wird, der nicht im Mindesten die Anforderungen erfüllt. Ungeeigneter Sand schädigt jedoch das Fell!

Was macht einen guten Chinchillasand aus? Hierzu ist ein kleiner Ausflug in die Geologie nötig: In grauer Vorzeit bildeten sich durch Verwitterung aus dem Urgestein quarzhaltige Sande, Sandsteine, Kalksteine, Schiefer, Tone und daraus die Tonminerale. Bei minderwertigem Chinchillasand handelt es sich immer um quarzhaltigen Sand. Oft wird gesiebter und gebrannter Vogelsand angeboten, manchmal auch Aquariensand.

Das einzelne Quarzteilchen ist nicht in der Lage, Flüssigkeit aufzunehmen. Quarzhaltige Sande können deshalb nur die Menge an Flüssigkeit aufnehmen, die zwischen den einzelnen Sandkörnern haftet, was nicht sehr viel ist.

Ganz im Gegensatz zu Ton, wie jeder aus dem Kunstunterricht weiß: Zu Ton gibt man Wasser, damit er weicher wird. Alle Tone besitzen eine hohe Aufnahmefähigkeit für Flüssigkeiten. Noch geeigneter dafür sind die Tonminerale, aus denen der hochwertige Chinchillasand hergestellt wird. Sie unterscheiden sich vom einfachen Ton nur dadurch, dass sie noch Wasser eingebunden haben. Deshalb können sie auch aus dem Fell der Chinchillas die Feuchtigkeit besser aufsaugen.

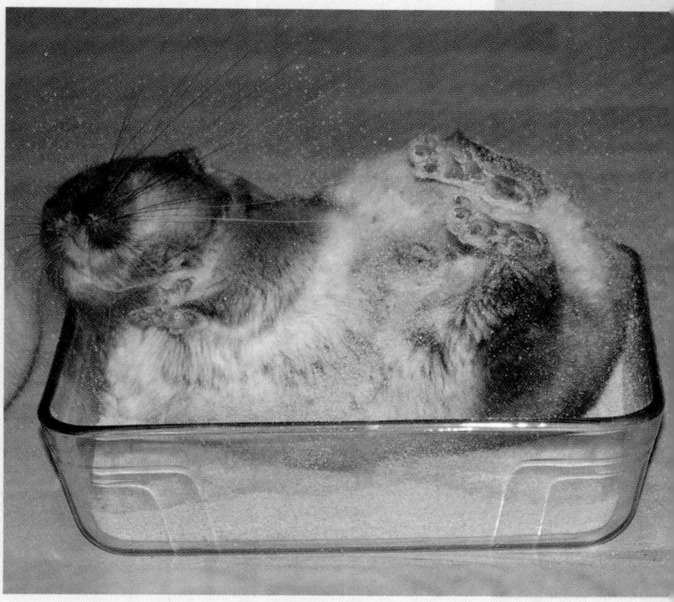

Das tägliche Sandbad ist Fellpflege und Stressabbau zugleich. (Foto: Jung)

Neben dem enormen Nachteil der begrenzten Aufnahmefähigkeit für Flüssigkeiten kommt bei Quarzsand noch hinzu, dass er scharfkantig ist. Das ist für Geübte schon mit bloßem Auge erkennbar und auch zu fühlen. Der Sand kratzt. Durch die Scharfkörnigkeit wird der Haarschaft des Chinchillas aufgeraut, das Fell wird brüchig und verliert seine Fülle.

Attapulgit ist ein hochwertiger Chinchillasand. Dieses Tonmineral wird im Handel unter den Namen „Attapulgus" oder „Spanischer Sand" angeboten. Er nimmt sehr gut Feuchtigkeit auf und hat keine scharfen Kanten. Sein Name stammt von der Stadt

Quarzsand. Deutlich ist die scharfkantige Struktur erkennbar. (Foto: Martin)

Hochwertiger „Attapulgus". Deutlich rundere und einheitliche Teilchenstruktur. (Foto: Martin)

Attapulgus in Georgia (USA), in der die Einwohner überwiegend vom Abbau von Tonmineralen leben. Das Mineral wird aber auch in Spanien abgebaut.

Ist Attapulgit krebserregend?

Zwar gilt Attapulgit als krebsverdächtig, doch sofern der Badesand wie bei der Kleintierhaltung nur in geringen Mengen verwendet wird, kann eine schädliche Wirkung nach Auskunft der Tierärztlichen Hochschule Hannover nicht bestätigt werden. Der in den Medien diskutierte Krebsverdacht bezieht sich auf weitaus größere Mengen, bei denen der Sand direkt verarbeitet und dabei eingeatmet wird. Grundsätzlich können alle Feinstaube, in größeren Mengen eingeatmet, Krebs auslösen, so auch normaler Hausstaub. Bei den Bauarbeitern in Attapulgus lässt sich über diese Problematik diskutieren, bei der Chinchillahaltung eher nicht.

Sandtest

Um guten Chinchillasand, also ein Tonmineral, von Quarzsand zu unterscheiden, gibt es einen einfachen Test: Geben Sie etwas Wasser zu jeder Sandprobe und reiben Sie sie zwischen den Fingern. Ein Tonmineral lässt sich kneten, Quarzsand nicht. Beim Trocknen behält das Tonmineral die Form, Quarzsand zerfällt wieder.

Blue Cloud

Viele Halter mischen zu „Attapulgus" noch einige Löffel „Blue Cloud"-Badesubstrat. Das ist ein Zementprodukt, das den Badesand

Das Fell dieses Chinchillas zeigt Schäden durch das Baden in schlechtem Sand. (Foto: Jung)

noch feiner macht. Es sollte jedoch nicht pur gegeben werden, da es sehr stark staubt.

Die Sandwanne

Es eignet sich jede größere, hochwandige Schale aus glasiertem Ton, Keramik, Glas oder Metall. Wie lange das Sandbad anzubieten ist, ist strittig. Nach meinen Erfahrungen wird es wenig volluriniert und ausgiebig genutzt, wenn es abends etwa zwei Stunden sowie während des Auslaufs angeboten wird.

Der Sand wird alle zwei bis drei Tage mit einem alten Sieb von Kötteln gereinigt. Nach ein paar Wochen wird er komplett erneuert.

Chin-Spielplatz. (Foto: Lintz)

Flying-Saucer-Wheel

Zunächst war ich skeptisch, doch viele Erfahrungsberichte haben mich überzeugt.

Das Flying-Saucer-Wheel stammt aus den USA. Es handelt sich um eine waagerecht aufliegende Drehscheibe, eine tellerförmige Plattform, auf der die Tiere laufen können. Verkrümmungen der Wirbelsäule, wie sie bei

Spielzeug für Chinchillas

Spielzeug für Chinchillas ist etwas anders als das, was wir Menschen darunter verstehen. Das mag sich trivial anhören, tatsächlich finden sich im Handel aber die skurrilsten Dinge wie Schaukeln, Wippen oder „Ritterburgen". Ganz gewiss geht es dabei den Tieren nicht um ein mittelalterliches Outfit und ich persönlich habe jedenfalls noch nie ein Chinchilla wippen sehen.

Alles, was Chinchillas erklettern können, wo sie gefahrlos hindurchkriechen können, was eine gute Sprungfläche bietet und ihre natürliche Neugierde weckt, ist ein sinnvolles Spielzeug.

Ein Ersatz für den Auslauf ist das Wheel nicht, doch eine Bereicherung (Foto: Lintz)

einem zu kleinen Laufrad auftreten, sind hier ausgeschlossen.

Meine anfängliche Skepsis, ob die Chins hinunterfallen könnten, wurde mir durch viele Berichte genommen. Bislang ist kein einziger Unfall bekannt. Das Wheel wurde der Wirbelsäule der Chinchillas angepasst und hat einen Durchmesser von 35,5 Zentimetern. Es ist geräuscharm und kann sowohl am Gitterkäfig als auch an einer Holzwand montiert werden. Dazu müssen nur drei Löcher gebohrt werden.

Die Chins können den Laufteller sofort selbstständig anhalten und lernen in der Regel schnell, wie er funktioniert. Einige wenige Tiere lernen nur durch Imitieren und ganz wenige entwickeln kein Interesse daran. Die Tiere haben offenkundig Spaß am Laufen. Leider ist der Preis von etwa 90 Euro nicht gerade niedrig.

Laufrad

Ein Laufrad ersetzt ebenso wenig wie das Flying-Saucer-Wheel den täglichen Auslauf, ist aber ein schönes Trimm- und Spielgerät, das auch von Chinchillas gern angenommen wird. Über eine Laufradsucht wurde lange beim Goldhamster diskutiert, was inzwischen durch mehrere Studien widerlegt ist. Weshalb sich ein Laufrad in der Chinchillahaltung bislang nicht durchgesetzt hat, liegt wohl daran, dass es im Handel noch keine Räder in geeigneter Größe gibt. Diese Eigenschaften muss ein gutes Laufrad haben:

1 Die Rückwand muss geschlossen sein.

2 Das Laufrad muss nach vorn durchgehend offen sein. Es darf keine Gefahr des Einklemmens zwischen Ständer und Achse geben (Schereneffekt).

3 Die Lauffläche muss geschlossen sein. Querstreben oder Drahtmaschengeflechte begünstigen ein Hängenbleiben der Pfoten.

4 Das Rad muss so groß sein, dass der Rücken des Tiers beim Laufen ganz gerade ist, mindestens 40 Zentimeter.

Die Züchterin Stefanie Jahrsdörfer bietet selbst konstruierte Laufräder an. Das Material ist aus solidem Edelstahl, urinbeständig und sogar säurefest. Der Durchmesser beträgt 50, die Lauffläche 10 Zentimeter.

Der Durchmesser dieses selbst konstruierten Laufrads ist mit 50 Zentimetern groß genug. (Foto: Lintz)

Tipp

- Holzkisten oder kleine Aquarien mit Chinchillasand befüllen, Korkstücke und Wurzelhölzer dazugeben.
- Es gibt Knetmasse, die an der Luft hart wird. Basteln Sie Ihrem Chin etwas!
- Größere Steine werden gern als Ausguck angenommen. Dabei nutzen sich die Krallen ab. Unter dem Stein darf sich keine Einstreu befinden, da sie unterwühlt und das Chin durch den Stein erschlagen werden kann. Auf Baustellen bekommt man oft ein paar Steine für die lieben Tiere geschenkt.

Haltung im Freien?

Auch wenn es bereits erwähnt wurde, sei an dieser Stelle noch einmal in aller Deutlichkeit darauf hingewiesen, dass eine Außenhaltung in unseren Breitengraden nicht funktioniert!

Allein schon die Luftfeuchtigkeit ist viel zu hoch – zum Vergleich: In den Anden liegt sie etwa bei 30 Prozent! Bei schwülem Wetter kann sie bei uns im Freien auf 70 Prozent ansteigen, was beim Chinchilla zu einer Reihe von Krankheiten führen kann. Es ist nicht möglich, den extremen Temperaturunterschieden, wie sie bei uns übers Jahr herrschen, mit technischen Geräten zu begegnen, wenn sich die Tiere nicht in den schützenden Stein- oder Zementwänden eines Hauses befinden. Auch die Variante, sie während lauer Sommermonate vorübergehend außen zu halten, bedeutet Stress: Chinchillas sind sehr ortstreu.

Im Übrigen gab es solche Experimente schon, auch in Deutschland. Um Kosten zu sparen, versuchten Pelztierzüchter mit Tausenden von Tieren eine Außenhaltung und Zucht in verschiedenen halb geschlossenen Räumen wie Gartenhäusern. Das scheiterte!

Auslauf im Freien?

Ebenso wenig tut man seinen Chinchillas mit einem Auslauf im Freien einen Gefallen. Abgesehen wieder von den klimatisch ungünstigen Bedingungen und dem Stress eines Ortswechsels, ist die Gefahr eines Parasitenbefalls nicht gering. Ein weiteres Problem ist, wie man verhindern will, dass die Chins kein Gras fressen.

Einmal kurz fürs Foto nach draußen gebracht ist noch vertretbar. Sonst ist ein Auslauf im Freien nicht ratsam. (Foto: Schulz)

Bild 1: Ein stabiles Grundgerüst für einen Laufraum.

Bild 2: Ein Maschendraht sorgt für Belüftung.

So sieht der fertige Laufraum aus. (Fotos: Fox)

Sicherer Auslauf

Trotz der eigentlich anatomischen Begrenzung, nur etwa einen Meter hoch springen zu können, stellen manche Chins Rekorde auf und springen auf einen zwei Meter hohen Schrank. Zudem sind sie ohne Weiteres in der Lage, sich in Spalten hochzustemmen.

Sie können es also vergessen, Zimmerpflanzen, von denen die meisten giftig sind, nur hochzustellen. Sie bei jedem Auslauf zu entfernen ist mühsam.

Auch ist es kaum möglich, Stromkabel vor den Chins in Sicherheit zu bringen, ebenso wenig wie lackierte Möbel. An deren Lack muss sich das Chinchilla zwar nicht unbedingt sofort vergiften, aber irgendwann als Langzeitfolge können sich Vergiftungserscheinungen einstellen, ohne dass dann ein Zusammenhang herstellbar ist, was die Behandlung erschwert.

Das Sicherste ist daher ein geschlossener Laufraum. Mit Dachlatten und Profilbrettern lässt er sich recht einfach bauen.

Bei meinem Laufraum hatte ich Glück, da ein ehemaliges Hochbett als Grundlage dienen konnte. Die Maße sind 2 Meter Länge, 1,40 Meter Breite und 1,80 Meter Höhe. Drei Pfosten sind an der Wand befestigt, ein vierter steht frei im Raum. Sie werden mit Querbalken verbunden, sodass das Grundgerüst schon stabil steht. An der Wand sind Profilbretter angebracht, damit die Tapete nicht angeknabbert wird (siehe Bild 1).

Nun verbindet man die Schmalseite mit Brettern, darüber kommt ein stabiler Maschendraht zur Belüftung (siehe Bild 2). Dann wird die Längsseite verschlossen. An der Holzschiebetür sind Rollen angebracht, die ins Holz versenkt sind, wodurch die Tür völlig dicht schließt. Auf einfache und leicht nachzubauende Weise wird die Schiebetür von innen am Querbalken mit einem Fichtebrett befestigt, sodass sie frei rollen kann. Die Bretter dagegen sind außen an den Querbalken befestigt, ein dicker Balken verschließt den Spalt. Drahtgitter, die auch an der Decke angebracht sind, sorgen für ausreichend Helligkeit und Belüftung. Nun wird der Raum noch mit Spielzeug ausgestattet.

Sollten später einmal Änderungen am Auslauf notwendig werden, darf nie zu viel auf einmal verändert werden. Die Chinchillas verlieren sonst leicht die Orientierung.

Gefahren beim Auslauf in normalen Wohnräumen

- Vergiftung durch herumliegende Medikamente, Zigaretten, Kosmetika, Kugelschreiber, Filzstifte, chemisch behandelte Pflanzen, lackierte Möbel
- Trinken von Tee oder Kaffee aus Tassen
- Ertrinken in Aquarien, Vasen, Putzeimern
- Parasitenbefall durch Graben in Blumentöpfen
- Verletzung an Kakteen
- Knabbern an Stromkabeln!
- Darmprobleme durch Knabbern an Tapeten
- Entwischen durch geöffnete Fenster oder Türen
- Einklemmen durch unachtsam geschlossene Türen

Eine schöne Idee für einen sicheren Auslauf! (Foto: Lintz)

Für Chinchillas giftige Pflanzen

Agaven, Aloen, Alpenveilchen, Amaryllis, Aronstab, Azalee, Calla, Christrose, Christusdorn, Chrysantheme, Croton, Dieffenbachie, Efeu, Engelstrompete, Farne, Ficus, Fingerhut, Flamingoblume, Fuchsie, Geranie, Hortensie, Hyazinthe, Immergrün, Korallenbäumchen, Lebensbaum, Liguster, Mistel, Myrte, Oleander, Orchideen, Passionsblume, Philodendron, Primel, Wachsblume, Weihnachtsstern, Yucca, Zierpfeffer.

Chinchilla entwischt! – Ein Krisenplan

So wenig wahrscheinlich es ist, dass ein Chinchilla für längere Zeit verschwindet, wie das bei kleineren Nagern öfter mal vorkommt, sollen für den Fall der Fälle hier die Maßnahmen mit Dringlichkeitsstufe 1 genannt werden.

Für das ganze Haus gilt:

- Fenster und Türen schließen!
- Futter und Wasser in allen Zimmern aufstellen.
- Verschließen: Farbdosen, Kleistereimer, Waschmittel, Haushaltsreiniger, Lebensmittel, Kosmetika, Wasch- und Spülmaschine, Toilettendeckel, Aquarien.
- Ausleeren oder verschließen: Tassen, Gläser, Schüsseln, Töpfe, Pflanzen, Zigaretten, Tabak, Medikamente, Kugelschreiber, Filzstifte, Feuerzeuge.

Chinchillas müssen langsam aneinander gewöhnt werden. (Foto: Jung)

So kriegt man es wieder

Keine Panik! Das Chinchilla dürfte bald wieder auftauchen. Wissen Sie nicht, in welchem Raum sich Ihr Chin befindet, legen Sie in jedem Zimmer abgezählte Hagebutten aus. Schauen Sie hinter Heizkörper und Schränke, und nicht nur am Boden! Chins besitzen die Gabe, sich in Spalten mit Pfoten und Rücken zu verkeilen und nach oben zu schieben. Oft wurden sie schon in wundersamen Höhen von ihren verblüfften Besitzern wiedergefunden.

Wenn Sie Ihr Chin sichten, greifen Sie es nicht von oben und vermeiden Sie Verfolgungsjagden. Locken Sie es stattdessen mit Leckerbissen. Viele Chinchillas lernen, beim Klappern mit der Leckerbissendose zu kommen.

Vergesellschaftung

Da Chinchillas nie allein gehalten werden sollen, stellt sich die Frage, ob es sinnvoll ist, ein einzeln erworbenes Tier später noch mit einem zweiten zu vergesellschaften. Das lässt sich eindeutig bejahen.

Auch ein bereits älteres Tier profitiert von Gesellschaft und Chinchillas lassen sich auch noch in hohem Alter vergesellschaften. Natürlich ist das nicht immer einfach – gerade wenn ein Chin seinen langjährigen Gefährten durch Alterstod verloren hat, akzeptiert es einen Nachfolger oft nur schwer. Erfahrungen zeigen aber, dass eine Vergesellschaftung eigentlich immer gelingt, wenn auch nicht gleich beim ersten Versuch.

Züchter, zu denen Sie mit Ihrem Chinchilla kommen können, um auf neutralem Gelände auszuprobieren, wie ein möglicher Neuzugang und das eigene Tier sich zueinander verhalten, sind hier sehr hilfreich.

Als ich noch züchtete, bot ich diesen Service für Chins und die viel unverträglicheren Mongolischen Rennmäuse an. In meinem geräumigen Laufraum ließen wir die Tiere unter Aufsicht zusammen laufen.

Es zeigte sich immer, dass sich der erste Eindruck als richtig erwies! Wenn beide Chins sich entweder gar nicht umeinander kümmerten oder idealerweise einander beschnupperten, klappte die Vergesellschaftung sehr schnell. Ging ein Tier dagegen gleich aufs andere los, schlugen sämtliche Vergesellschaftungsmethoden fehl, auch über einen längeren Zeitraum angewandt. Hier muss Ausschau nach einem anderen Gefährten gehalten werden. Am verträglichsten ist ein Paar, doch ist das mit Nachwuchs verbunden.

Noch eine Anmerkung: Ich nahm damals kein Geld für diesen Service, doch eine kleine Aufwandsentschädigung ist sicher gerechtfertigt. Sonst bleibt nur, ein Tier zu kaufen und unter Umständen wieder zurückzubringen, was auch nicht schön ist.

Vergesellschaftungsmethoden

Es gibt verschiedene Methoden, Chinchillas aneinander zu gewöhnen. Setzt man sie sofort zusammen, kann das zu Streitereien führen, bei denen ein Tier durch den Käfig gejagt wird, bis es sogar stirbt, weniger an den Bisswunden, sondern mehr am Stress. Nach Möglichkeit sollten zwei etwa gleich

Wenn Sie ein einzelnes Chinchilla erworben haben, bemühen Sie sich bitte um Gesellschaft. (Foto: Jung)

alte Tiere vergesellschaftet werden, doch das lässt sich nicht immer einrichten.

Vergesellschaftung beim Auslauf

Diese Methode stößt oft auf Kritik. Der Vorwurf ist, dass die Tiere leicht aufeinander losgehen können und es zu Beißereien kommt. So wie ich die Methode aber verstehe und weitergebe, ist Voraussetzung, dass man die ganze Zeit dabeibleibt. Bewährt hat sich das Tragen eines dicken Lederhandschuhs, um sofort eingreifen zu können. Manchmal muss man sich viele Abende dazusetzen, doch oft glückt die Eingliederung sehr schnell.

Die Tiere werden in einem neutralen Raum, den kein Tier als sein Revier ansieht, zusammengesetzt. Der bisherige Laufraum ist gründlich zu reinigen, das bekannte Inventar ist zu ersetzen. Viele Ausweich- und Versteckmöglichkeiten müssen vorhanden sein.

Vorher wird versucht, den Eigengeruch der Tiere zu überdecken. Bei anderen Nagern mit nicht ganz so empfindlichem Verdauungssystem empfehle ich, ein bis zwei Tropfen eines naturreinen ätherischen Öls – kein Parfümöl! – ans Hinterteil zu tupfen. Gut geeignet für Chinchillas sind Anis oder Fenchel. Diese Öle finden bei Magen- und Darmbeschwerden Anwendung und sind daher keine Gefahr für die anfällige Verdauung der Chinchillas. Wem das dennoch zu riskant ist, der reibt die Tiere mit Heu gut ein. Man kann auch beides tun. Nach einigen Stunden ist das Öl zu erneuern.

Mit dem Lederhandschuh kann man einem Tier, das sich sehr aggressiv verhält, ruhig einen kleinen Stubser versetzen. Es lernt so, dass seine Angriffslust bestraft wird. Meistens reicht es aber, wenn der Handschuh plötzlich als Barriere dazwischengeht.

Solange sich die Tiere im Laufraum nicht aneinanderkuscheln, wenn sie müde sind, ist die Eingliederung noch nicht restlos gelungen! Die Tiere übernachten dann in getrennten Käfigen und kommen am nächsten Abend wieder unter Aufsicht zusammen. Erst wenn sie kuscheln, setzt man sie – unter Aufsicht – im Käfig zusammen. Sicherheitshalber übernachtet man in der Nähe des Käfigs oder lässt die Tiere noch ein bis zwei Nächte im Laufraum. Die Methode ist stressarm, weil ein ängstliches Tier weiträumig ausweichen kann. Führt sie nach spätestens drei Wochen nicht zum Erfolg, ist sie gescheitert.

Trenngittermethode

Diese Methode ist bei anderen Nagern sehr bewährt, neben der Auslaufmethode halte ich sie für die beste.

In einen nicht zu großen Käfig von höchstens einem Meter Länge wird ein Trenngitter eingezogen. Dazu fertigt man einen breiten Holzrahmen an mit engem und doppelwandigem Maschendraht, um Bissverletzungen durchs Gitter auszuschließen. Die Einstreu darf nicht zu hoch sein, damit die Tiere möglichst schnell denselben Geruch annehmen.

Regelmäßig werden die Tiere ins jeweils andere Abteil umgesetzt. Bei den stressanfälligen Chinchillas darf das nicht zu oft geschehen, nur einmal pro Nacht. Die Tiere klären die Rangfolge durch Ans-Gitter-Springen, Drohgebärden oder Urinspritzen. Zeigen sie keine Aggression mehr, entfernt man das Gitter. Verläuft auch das friedlich, setzt man die Tiere in den großen Käfig um. Die alte Einstreu gibt man dazu.

Die Methode birgt beim Umsetzen noch ein Risiko, da die Tiere anfangen können, ums größere Revier zu kämpfen. Deshalb gut beobachten! Hingegen ist bei der vorigen Methode, wo von vornherein mehr Platz ist, die Rangfolge in der Regel gesichert.

Käfige aneinanderstellen

Hier handelt es sich um eine Variante der Trenngittermethode. Die Käfige der Tiere werden zuerst mit viel Abstand, dann immer dichter nebeneinandergestellt. Der Abstand muss so groß sein, dass keine Beißereien möglich sind. Die Tiere nehmen irgendwann den fremden Geruch an und gewöhnen sich aneinander.

Die Methode ist sehr zeitaufwendig und am wenigsten erfolgreich. Es kann bis zu einem Monat und mehr dauern, während alle anderen Methoden nach spätestens drei Wochen entweder erfolgreich waren oder als gescheitert anzusehen sind.

Engraummethode

Sie soll vorgestellt werden, ich rate aber davon ab, zumindest unerfahrenen Haltern. Sie wird viel in der Zucht angewandt und deshalb auch „Züchtermethode“ genannt.

Die Tiere werden in eine sehr enge Box gepackt, etwa mit den Maßen 30 x 30 Zentimeter und 15 Zentimeter Höhe. Die Idee ist, dass die Tiere mangels Platz keine Reviere bilden und sich nicht zur Drohhaltung aufrichten können. Das hindert ein aggressives Tier aber trotzdem nicht daran, sofort anzugreifen. Im Gegensatz zur Auslaufmethode bleibt hier kaum Zeit einzugreifen. Das unterlegene Tier kann nicht weg und erleidet extremen Stress.

Vorteil ist, dass die Eingliederung sehr schnell klappen kann, wenn sie klappt.

Ich wage einfach einmal zu unterstellen, dass die Methode deshalb bei Züchtern gut klappt, weil sie genug Erfahrung haben, sowieso schon zueinanderpassende Tiere auszuwählen.

Während einer Autofahrt

Eine Variante der Engraummethode. Wieder werden die Tiere in einem kleinen Käfig zusammengesetzt, wenngleich nicht ganz so klein. Man lässt sie während der Heimfahrt im Auto zusammen. Durch das Rütteln und die ungewohnten Geräusche sind die Tiere zu beschäftigt, um Aggressionen zu entwickeln.

So kurios es sich zunächst anhören mag, kenne ich doch einige Erfolgsberichte. Mein Rat ist aber, eine Begleitperson mitzunehmen, die die Tiere im Auge behält. Sonst sind auch hier Beißereien nicht auszuschließen. Die Tiere müssen nach dem Umsetzen wieder gut beobachtet werden.

Wichtig!

Vor dem Zusammensetzen muss der Käfig komplett gereinigt werden, damit sich der alte Geruch verliert.

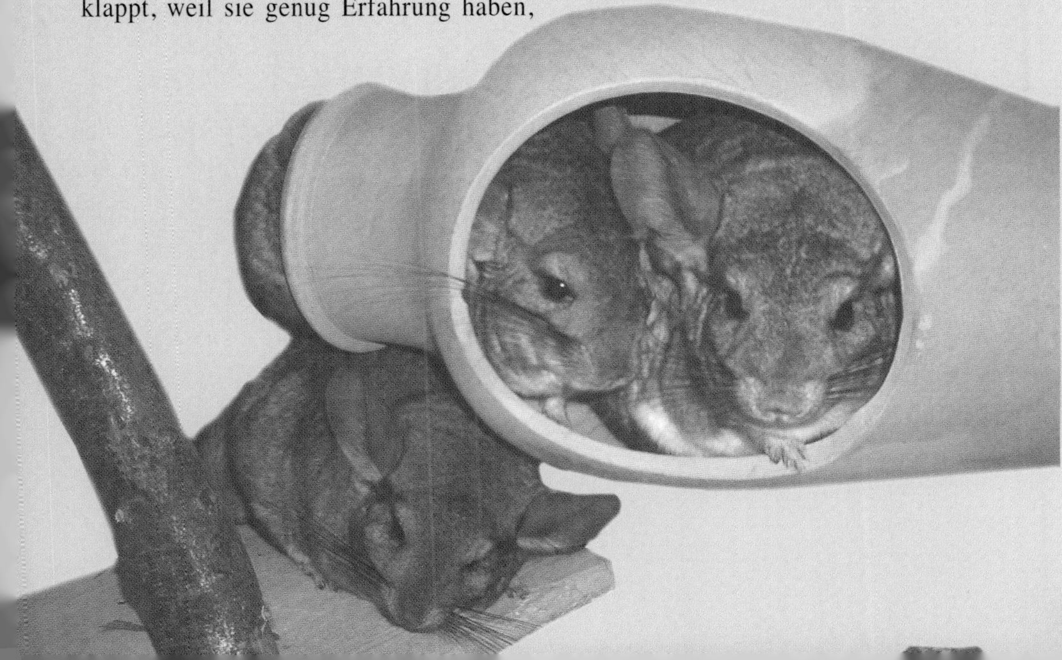

(Foto: Jung)

Ernährung

Die Ernährung der Chinchillas hat sich fast zu einem Glaubenskrieg entwickelt. Auf der einen Seite stehen die Konservativen, die ihre Tiere ausschließlich mit Heu und Pellets füttern, auf der anderen die Reformisten, die eine Ernährung mit heimischen Kräutern, Frischfutter und zum Teil auch Körnern befürworten.

Bewusst wurde hier der Zusatz „artgerecht“ vermieden, weil es nicht zu realisieren ist, die Tiere mit den Pflanzen ihrer Heimat zu ernähren.

... um ein Chinchilla zu vergiften ...?

Diese provozierende Überschrift erscheint mir leider notwendig, könnte doch bald ein ganzes Buch gefüllt werden mit Berichten über Chinchillas, die durch falsche Ernährung oder Leckereien starben. Es kann nicht eindringlich genug gesagt werden: Was bei anderen Nagern „nur“ Karies, Verfettung und andere Gesundheitsschäden verursacht, was schlimm genug ist, kann ein Chinchilla vergiften!

Chips, Kuchen, Süßigkeiten und dergleichen sind sowieso tabu, werden aber dennoch hin und wieder klammheimlich verabreicht. Es mag gut gehen, kann das Tier aber auch sofort umbringen.

Auch das falsche Futter wie Meerschweinchen- oder Kaninchenfutter – gar nicht so selten aus Kostengründen oder Bequemlichkeit verabreicht – kann für ein Chinchilla tödlich sein, ebenso wie frisches Gras, denn unser heimisches Gras ist viel zu nährstoffreich.

Knabberware, die Honig, Zucker und viel Getreide enthält, verursacht nicht nur Karies, sondern unter Umständen auch gefährlichen Durchfall. Brot, Kartoffeln, Nudeln, Mais, Reis sind viel zu stärkehaltig.

Chinchillas ernähren sich in ihrer Heimat von Kakteen, Disteln, trockenen Steppengräsern, Kräutern, Zweigen von Dornsträuchern und wenigen anderen Pflanzen, denen gemeinsam ist, dass sie einen hohen Anteil an Rohfaser enthalten. Sie sind ballaststoffreich und energiearm, enthalten also wenig Fette und Kohlehydrate. Darauf ist das Verdauungssystem der Chinchillas seit Millionen Jahren eingestellt. Als Mindestes wird durch eine Fehlernährung die Lebenserwartung stark verkürzt, wie sich immer wieder zeigt.

Es hat doch nicht geschadet ...

Um auf das beliebte und überstrapazierte Argument einzugehen: „Das Tier hat es gefressen und es hat doch nicht geschadet." – Genau das sagte meine Oma immer, deren Lieblingsspeise Schmalzbrot war, das sie täglich verzehrte. Und der Zufall mag ihr recht gegeben haben, denn sie wurde steinalt. Aus solchen Glückstreffern lässt sich aber sicher keine Empfehlung ableiten.

Manche Ernährungsfehler machen sich erst nach einigen Jahren bemerkbar mit Stoffwechselerkrankungen oder Zahnproblemen. In schweren Fällen muss das Chinchilla dann eingeschläfert werden.

Abwechslungsreiche Ernährung?

Im Kapitel „Herkunft und Klima" wird deutlich, dass man sich beim Chinchilla von der Idee der abwechslungsreichen Ernährung ganz lösen muss. Die Pflanzenvielfalt in seiner Heimat ist nicht sehr groß.

Der Gedanke drängt sich auf, den Chinchillas die Pflanzen ihrer Heimat anzubieten. Das scheitert leider daran, dass viele Pflanzen bei uns nicht gedeihen und einige unter Naturschutz stehen. Es macht deshalb wenig Sinn, sie hier aufzuzählen.

Der Wildnahrung sehr nah kommt die Mariendistel, schmackhaft und bekömmlich für Chinchillas. Ursprünglich ist sie in Südeuropa, Südrussland, Kleinasien und Nordafrika beheimatet. Die Tiere ergreifen die Distel geschickt mit den Pfoten, ohne sich dabei zu stechen. Ihr Wirkstoff Silymarin hat eine leberschützende und bei Fettleber sogar eine regenerierende Wirkung, wie in Studien nachgewiesen wurde. Die Distel wird bei Chinchillas deshalb bei unspezifischen Vergiftungen eingesetzt oder kurmäßig bei

Fettleber. Getrocknete Mariendisteln kann man im Internet bestellen. Sie wächst inzwischen aber auch bei uns an sonnigen und trockenen Plätzen. Sie darf von keinem Feld stammen, auf dem Hunde ausgeführt werden oder das an einer viel befahrenen Straße liegt. Blütezeit ist Juli bis August.

Die bei uns heimische Silberdistel steht hingegen unter Naturschutz. Für Chinchillas habe ich auch Bedenken. Schon beim Menschen wurde bei Überdosierung Übelkeit und Erbrechen beobachtet. Frage: Wann tritt beim Chinchilla eine Überdosierung ein?

Heu

Ein wichtiges Grundnahrungsmittel ist Heu, das ständig zur Verfügung stehen muss. Es enthält viele Vitamine und Mineralien, fördert durch seinen hohen Rohfaseranteil die Verdauung und dient dem Abrieb der Backenzähne.

Es gibt große Qualitätsunterschiede, abhängig vom Anbaugebiet, dem Schnitt, der Düngung, der Erntezeit, den Wetterverhältnissen und nicht zuletzt der Lagerung. Leider ist der Verpackungstext meist nicht sehr aufschlussreich. Ein Beispiel: „Unberegnetes, gehaltvolles Heu aus dem Mittel- und Hochgebirge mit weit über 20 Gräsern und Kräutern." Jedes Heu enthält viele verschiedene Gräser und Kräuter, mir ist jedenfalls keine Firma bekannt, die einzelne Gräser heraussammelt. Interessant wäre auch, die Lage des Gebirges zu erfahren. Berichten zufolge rühren einige Tiere nur Heu aus den Alpen an und verschmähen alle anderen Bezugsgebiete.

Haben Sie die Möglichkeit, Pferdeheuballen zu bekommen, nichts wie hin. Pferdeheu enthält viel mehr Gräser als Kuhheu. Der Schnitt ist gröber und somit ist das Heu rohfaserreicher, außerdem lässt es sich besser lagern.

Gutes Heu muss grün sein, duftig riechen und darf nicht stauben. Feucht gewordenes Heu ist sofort zu entfernen.

Frischfutter?

Ich gehöre zur Mehrheit, die eine Ernährung von Chinchillas mit Obst, Gemüse und Salat ablehnt. Bei jeglichem Saftfutter ist das Risiko von Durchfall nicht ganz auszuschließen – je höher der Wasser- und der Fruchtsäuregehalt, desto wahrscheinlicher. Die wenigen Früchte, von denen sich Chinchillas in freier Natur ernähren, stammen von Kakteen.

Es gibt aber Halter, die Frischfutter in Kleinmengen verfüttern, vorwiegend Apfel, Karotte, Fenchel, Löwenzahn und Topinambur. Man sollte dann aber mit Kleinstmengen beginnen, den Kot beobachten und die Ration langsam steigern.

Mischfutter

Mischfutter, das Getreide enthält, sehe ich wie viele kritisch. Chinchillas waren nie Kulturfolger, Tiere also, die in die Nähe menschlicher

Siedlungen eindringen und von deren Nahrung leben, so wie die Hausmaus und manche Zwerghamster, die ihren Nahrungsbedarf auf Kulturpflanzen umgestellt haben. Getreide enthält sehr viele Kohlehydrate und viel Eiweiß, ist also alles andere als nährstoffarm.

Eine Firma testet derzeit ein Mischfutter aus Kräuterpellets, getrockneten Kräutern und Amaranthsamen. Die Verträglichkeit soll laut Befürwortern recht gut sein.

Es wird viel getestet ob es sich in Langzeitstudien bewährt, ist die Frage. Amaranth hat von allem Getreide den höchsten Eiweißgehalt, dafür keinerlei der für Chinchillas wichtigen Ballaststoffe, im Gegensatz zu Weizen mit immerhin 13 Gramm auf 100.

Pellets

Da die Zusammenstellung eines Chinchillafutters aus den zum Teil unter Naturschutz stehenden Pflanzen aus der Heimat dieser Tiere nicht möglich ist, haben sich Firmen auf die Herstellung von Pellets für Chinchillas spezialisiert. Auffallend ist, dass sämtliche Sorten Getreide enthalten, was die Problematik verdeutlicht, den Nahrungsbedarf der Chinchillas mit europäischen Pflanzen abzudecken.

Manche Zusammensetzung stößt auf Kritik, bei Bestandteilen wie Milch oder Zucker völlig zu Recht. Ohne Bindemittel geht es nicht, doch Zuckerrübenmelasse ist zumindest naturbelassen und ohne Bleichmittel. Die Pellets dürfen nicht älter als drei Monate sein, sonst gehen zu viele Vitamine verloren.

Pellets bilden neben Heu die Grundnahrung. (Foto: Wilson)

Futterumstellung

Durch den langen Darm sind Chinchillas in der Lage, auch aus energiearmer Nahrung noch genügend Nährstoffe zu verwerten. Dadurch vertragen sie aber keine plötzliche Futterumstellung. Diese muss sehr langsam erfolgen, über mehrere Wochen hinweg.

Ideal ist, wenn dasselbe Futter bis zum Lebensende verfüttert wird. Informieren Sie sich über die bisherige Ernährung Ihres Tieres und lassen Sie sich am besten eine Futterprobe mitgeben.

Geeignete Leckerbissen

Als Leckerbissen können getrocknete Früchte und getrocknetes Gemüse gereicht werden. Auch sie sind sparsam zu geben, da durch den Wasserentzug Nährstoffe und Zucker konzentrierter vorliegen. Rosinen eignen sich vorzüglich zur Zähmung, doch sind sie sehr zuckerhaltig.

- Apfel, getrocknet (ungeschwefelt)
- Erbsenflocken
- Gemüse, getrocknet, wie Karotte, Fenchel, Rote Bete
- Hagebutte, frisch oder getrocknet
- Rosine (selten!)

Verbotene Leckerbissen

Nüsse und Sonnenblumenkerne sind sehr fetthaltig und schädigen über kurz oder lang die Leber. In manchen Büchern werden sie einmal im Monat empfohlen. Doch wie kann ein Nahrungsmittel, das derart der natürlichen Nahrung widerspricht, auch nur einmal im Monat vertretbar sein? Es ist nicht möglich, eine präzise Zeitangabe zu machen, wann ein Leberschaden eintritt. Doch der Chinchillaorganismus wird einer völlig unnötigen Belastung ausgesetzt!

Die Süßmandel enthält durch jahrhundertelange Zucht keine Blausäure mehr, sondern nur die Bittermandel. Sie ist aber genauso fetthaltig wie Erdnüsse.

Joghurtdrops sind selbst für Nager, die tierisches Eiweiß benötigen, Unfug. Der Eiweißanteil ist minimal, der Zuckergehalt sehr hoch.

Verhängnisvolle Knabberstange

Dass es gerechtfertigt ist, Knabberware kritisch zu hinterfragen, zeigt die Geschichte einer Chinchillahalterin.

Chinchillaweibchen Yang Lay fraß fast nichts mehr und verlor an Gewicht. Nach vielen ergebnislosen Untersuchungen fand sich endlich die Ursache, als der Kopf geröntgt wurde: Eine lange Metallklammer steckte im Unterkiefer, genau unter der Zunge. Sie stammte aus einer Knabberstange.

Eine Metallklammer aus einer Knabberstange, die sich in den Unterkiefer gebohrt hatte, endete für ein Chinchilla tödlich. (Foto: Klinnert)

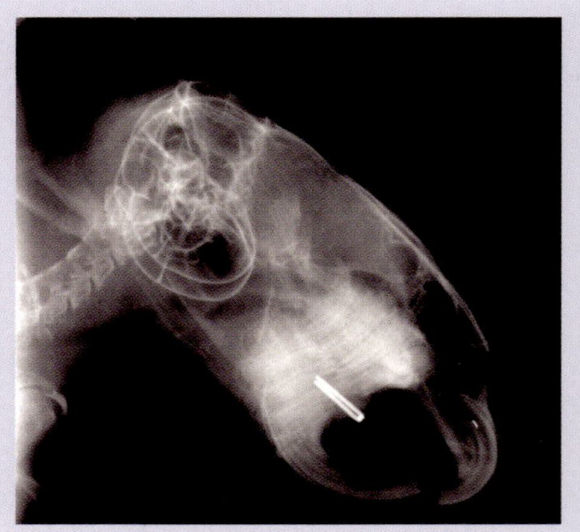

Röntgenaufnahme von der Metallklammer im Unterkiefer. (Bild zur Verfügung gestellt von Nadine Klinnert)

Mit solchen Klammern wird die Drahtöse zum Aufhängen befestigt. Für das Chinchilla war es leider zu spät: Es starb, da die Wunde schlecht heilte.

Es will mir nicht einleuchten, warum Knabberware unbedingt aufgehängt werden muss. Einige andere Stangen haben eine Plastiköse, was auch nicht besser ist. Plastik splittert leicht und kann dann leicht verschluckt werden, und so weiter ...

Kräuter gehören zum natürlichen Nahrungsspektrum der Chinchillas, doch nicht unsere heimischen. (Foto: Wilson)

Kräuter

Kräuter gehören zum Nahrungsspektrum der Chinchillas, wenn auch nicht unsere heimischen – das Grundproblem.

Bewährt haben sich Brennnesseln, Gänseblümchen, Brombeer- und Himbeerblätter, Schafgarbe und Sonnenhut (Echinacea), dieser hat eine abwehrkräftesteigernde Wirkung. Brennnesselblätter regen den gesamten Stoffwechsel an.

Vorsicht bei schwangeren Chinchillas: Viele Gewürzpflanzen haben eine abtreibende Wirkung wie Basilikum, Bohnenkraut, Dill, Majoran, Petersilie, Rosmarin, Thymian. Sonst können sie gereicht werden, wie auch Kamille, Pfefferminze und Salbei, die aber bei schwangeren Tieren durch ihre krampflösende Wirkung vorzeitig die Wehen auslösen können. Melisse wirkt hingegen nur beruhigend.

Brombeerblätter helfen bei leichten Durchfallerkrankungen und sind sogar vom Bundesgesundheitsamt in ihrer Wirkung anerkannt. Auch Himbeerblätter wirken, doch ebenfalls nur bei leichten Erkrankungen.

Schafgarbe hilft bei Magen- und Darmbeschwerden, Blähungen und Krämpfen, obwohl man beim Chinchilla keine Wunder erwarten darf.

Vorsicht bei Kamille: Sie ist zwar entzündungshemmend, doch trocknet sie auch die Schleimhäute aus. Pfefferminze wirkt bei Magen- und Darmbeschwerden und Krämpfen, ist aber durch das Menthol auch sehr scharf.

Alle Kräuter dürfen nur in kleinen Mengen gegeben werden oder als Tee verdünnt ins Trinkwasser.

Mit „Kräuterhexentum“ hat übrigens die Heilpflanzenkunde nichts mehr zu tun. Die genannten Heilwirkungen wurden in Studien nachgewiesen, wenn auch umfassend bislang nur beim Menschen.

(Foto: Schulz)

Krankheiten

Zuallererst: Bitte gehen Sie sofort zum Tierarzt, wenn mit Ihrem Chin etwas nicht stimmt. Nicht wenige Krankheiten nehmen einen schnellen Verlauf, sodass manchmal nur Stunden über das Leben Ihres Tiers entscheiden können. Besonders gilt das für Durchfallerkrankungen, wobei für mich nicht nachvollziehbar ist, dass häufig in Populärliteratur oder im Internet geraten wird, zwei Tage abzuwarten und vorher sein Glück mit Tees oder reiner Heufütterung zu versuchen. Je nach Ursache kann schon nach zwei Tagen ein fortgeschrittenes Stadium erreicht sein und die Prognose ist dann sehr ungünstig. In der Fachliteratur beklagen Tierärzte oft, dass Nager mit Durchfallerkrankungen zu spät in der Praxis vorgestellt werden.

Chinchillas haben die Eigenart, sich nicht anmerken zu lassen, wenn es ihnen schlecht geht. In freier Natur wird ein krankes Tier aus dem Rudelverband ausgestoßen. Das macht das frühzeitige Erkennen einer Krankheit nicht gerade einfacher. Untersuchen Sie deshalb Ihre Tiere einmal wöchentlich mithilfe der Gesundheitscheckliste aus dem Kapitel „Vor dem Kauf“ in diesem Buch.

Gesundheitstipps

- Eine Urinprobe zu erhalten ist oft nicht einfach, da die Einstreu den Urin gleich aufsaugt. Ersetzen Sie sie durch ungebleichtes Küchenpapier. Es bleibt nach dem Urinieren feucht genug für eine Probe.
- Echinacea unterstützt das Immunsystem, Bird Bene Bac® die Darmflora. Dennoch nicht ohne tierärztlichen Rat verabreichen.
- Bei Durchfall hilft unterstützend: viel Heu, keine Leckereien(!), kein Frischfutter(!), etwas Anistee ins Trinkwasser und etwas Schafgarbe.
  Nur noch Heu zu füttern kann unter Umständen gegenteilig wirken und den Durchfall verschlimmern!
- Verstopfung tritt noch häufiger als Durchfall auf, bleibt aber oft unbemerkt. Beobachten Sie deshalb regelmäßig den Kot Ihrer Tiere. Ist er trocken, hart, dünn, sehr klein oder sogar blutig, sofort zum Tierarzt!
  Bei Verstopfung hilft unterstützend: einige Tage nur Heu füttern, etwas Trockenpflaume, Milchzucker, Sennesblätter, Floh- und Leinsamen bei genügend Wasseraufnahme, Apfel nur, wenn das Tier ihn nicht schon gewohnt ist, etwas „Karlsbader Salz“ ins Trinkwasser.

Aufgasung (Tympanie)

Eine Reihe von Krankheitsursachen kann die Aufgasung beinhalten (volkstümlich Blähungen). Durch fehlende Darmbewegung kommt es zur Ansammlung von Gas in den Därmen und schmerzhaften Auftreibung des Bauches. Ursache können sein: eine Darmentzündung, Fehlernährung, Frischfutter, verdorbenes Heu oder Futter, plötzliche Futterumstellung, Vergiftung, aber auch Stress oder eine vorangehende Behandlung mit Antibiotika, die von Chinchillas oft nicht gut vertragen werden.

Symptome sind Verstopfung oder gar kein Kotabsatz, geblähter, druckempfindlicher Bauch, das Tier ist unruhig, äußert Schmerzenslaute, liegt auf der Seite oder zieht die Hinterbeine hinter sich her.

Unbehandelt tritt rasch der Tod ein. Deshalb sofort mit einer Kotprobe zum Tierarzt! Anschließend muss das Tier mit einer Wärmelampe warm gehalten werden. Keine Wärmflasche, sie kann Blähungen begünstigen. Unterstützend wirken: etwas Fencheltee im Trinkwasser, etwas Schafgarbe.

Noch mehr Gesundheitstipps

- Untersuchen Sie Ihr Chin regelmäßig mit einer UV-Lampe. Dadurch leuchten manche Pilzarten und sind so leichter zu erkennen. Fußballen und Harnzapfen leuchten immer, wegen des Urins und der Hornhaut.
- Bei erkältetem Tier auf dem Weg zum Tierarzt Wärmflasche in die Transportbox legen, Handtuch und Einstreu darüber.
- Bei Hitze Kühlakkus in den Käfig legen, nicht direkt ins Haus. Große Temperaturschwankungen schaden auch. Viele Kacheln, Schiefersteine und Tonröhren anbieten.
- Bei schwülem Wetter öfter lüften, um die Luftfeuchtigkeit zu verringern. Im Winter verringert Heizen die Luftfeuchtigkeit.
- Anstelle von teuren Luftentfeuchtern mehrere Schalen mit Kochsalz aufstellen.
- Ein Hygrometer, ein Messgerät für die Luftfeuchtigkeit, erhält man im Zoohandel.

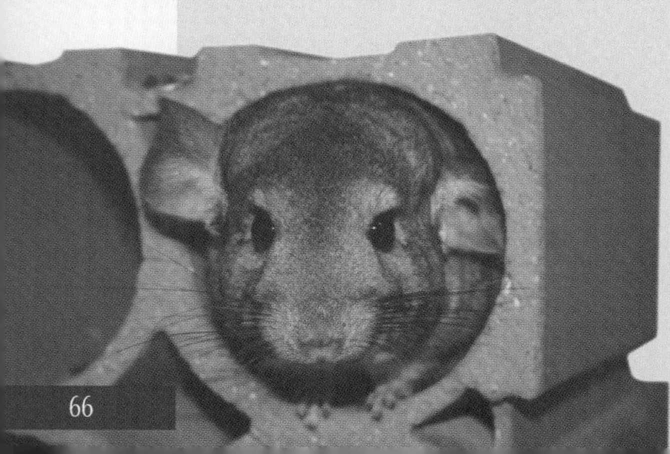

Parasiten

Man unterscheidet zwischen Ektoparasiten, die auf der Oberfläche des Körpers leben, und Endoparasiten, die im Körper leben.

Ein Befall mit Ektoparasiten, die sich im Fell ansiedeln, ist wegen des dichten Chinchillafells sehr selten, sogar in freier Natur. Manchmal werden sie über andere Tiere eingeschleppt, befallen dann aber vorwiegend kranke oder schwache Chinchillas. Etwas häufiger ist ein Befall mit der Ohrmilbe, der sehr ansteckend ist. Er äußert sich im Schiefhalten des Kopfes und häufigem Kratzen.

Ein Befall mit Endoparasiten ist nicht selten eine Folge von Ernährungsfehlern. Oft erfolgt eine Übertragung durch Füttern von Gemüse. Häufig nachzuweisen sind bestimmte Darmparasiten, die Giardien. Sie bleiben bis zu drei Wochen ansteckend. Ob sie tatsächlich zu einer Erkrankung führen, hängt wie so oft vom Allgemeinbefinden der Tiere ab, das wiederum durch Faktoren wie Ernährung, Haltungsbedingungen und Stressbelastung beeinflusst wird. Ist ein Muttertier mit Giardien befallen, erkranken die Jungtiere oft erst beim Absetzen und nicht während des Säugens. Es liegt auf der Hand, dass das Absetzen Stress ist, der das Immunsystem schwächt.

Sehr ansteckend und widerstandsfähig, wenn auch recht selten, sind eine andere Art von Darmparasiten, die Kokzidien. Sie können Darmentzündungen verursachen und bleiben bis zu zehn Jahre lang übertragbar.

Zufüttern

Wiegen Sie Ihr Chinchilla regelmäßig. Zehn Prozent Gewichtsverlust in drei Tagen ist gefährlich. Dann muss zugefüttert werden. Dazu zermahlt man Pellets in der Kaffeemühle und gibt warmen „Heutee" hinzu. Mit einer Spritze wird der Brei vorsichtig ins Maul gedrückt. Verweigert das Tier den Brei, kann etwas Babybrei dazugegeben werden (Apfel oder Karotte). Beim Tierarzt gibt es auch fertiges Pulver: Critical Care® oder Rodi Care®, das mit dem Pelletbrei gemischt werden kann.

Fellbeißen

Fellbeißen weist auf Einsamkeit, Stress und Unbehagen in vielfältiger Form, verursacht durch einen zu kleinen Käfig, zu wenig Rückzugsmöglichkeiten, zu viel Unruhe, zu wenig Beschäftigung, doch auch Bauchschmerzen.

Fellbeißen kann viele Ursachen haben. (Foto: Knoll)

Die wichtigsten Krankheiten im Überblick

Wenn Sie bei Ihrem Chinchilla Beschwerden beobachten, liefern Ihnen die folgenden Kurzbeschreibungen Anhaltspunkte dafür, welche Erkrankungen vorliegen könnten. Von vorschnellen Diagnosen oder eigenmächtig durchgeführten Behandlungen ohne tierärztliche Absprache wird dringend abgeraten.

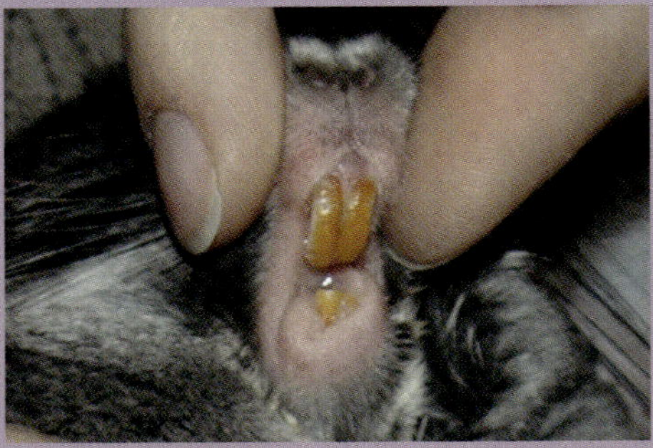

Eine Zahnfehlbildung kann Blasensteine begünstigen. Untersuchen Sie auch die Zähne Ihrer Tiere regelmäßig. (Foto: Knoll)

Ballenabszess
Ursache: Ungeeignete oder feuchte Einstreu, schlechte Hygiene, Bewegungsmangel, mitunter Übergewicht. Verletzung an der Fußsohle mit anschließender Infektion.
Symptome: Gerötete, verkrustete Haut, später Eiterbildung. Schwellung der Hinterpfote.
Behandlung: Laserbehandlung durch Tierarzt, Salben, Tinkturen, eventuell Antibiotikum.

Bindehautentzündung
Ursache: Meist Infektion, auch Verletzung in Augennähe, Zugluft, staubende Einstreu.
Symptome: Verklebte Augenlider, gerötete Bindehaut, Tränen, später Eiterbildung.
Behandlung: Augenlider mit in warmem Wasser getränkten Wattebausch einweichen und vorsichtig öffnen. Dann Augensalbe oder -tropfen vom Tierarzt. Kamillentee schadet hier! Gegebenenfalls Wechsel der Einstreumarke.

Blasensteine
Ursache: Erbliche Veranlagung, zu calciumreiche Ernährung, vermindertes Trinken, etwa durch Zahnfehlstellung, vorausgegangene Blasenentzündung.
Symptome: Häufiges, unkontrolliertes und schmerzhaftes Urinieren, blutiger Urin, Gewichtsverlust, Apathie.
Behandlung: Harntreibende Kräuter wie getrocknete Brennnesseln, Flüssigkeitszufuhr steigern, eventuell durch Infusion, sonst operatives Entfernen der Steine.

Diabetes
Ursache: Erbliche Veranlagung, Fehlernährung.
Symptome: Extrem gesteigertes Trinken und Harnlassen, später Erblindung, Gewichtsverlust, fortschreitender Abbau.
Behandlung: Für Chinchillas keine.

Erkältung
Ursache: Bakterielle Infektion. Begünstigend sind Mangelernährung, Zugluft, hohe Luftfeuchtigkeit, Stress.
Symptome: Husten, Schnupfen, Atemnot, Atemgeräusche, erhöhte Temperatur, Fressunlust, Apathie.
Behandlung: Bestrahlung mit Wärmelampe (Abstand zum Tier 50 Zentimeter) mit Ausweichmöglichkeiten ins Kühle. Tierarzt, Echinacea, eventuell Antibiotikum.

Hautpilze
Ursache: Indirekte Ansteckung durch Einstreu, Futter, Kot oder direkte durch Tiere, auch Wildnager; schlechte Hygiene, staubende Einstreu, hohe Luftfeuchtigkeit, Fehlernährung, Stress.
Symptome: Kahle Stellen im Fell, Juckreiz, Schuppen, Rötungen. Ansteckend auch für Menschen!
Behandlung: Tierarzt. Pulver für den Badesand.

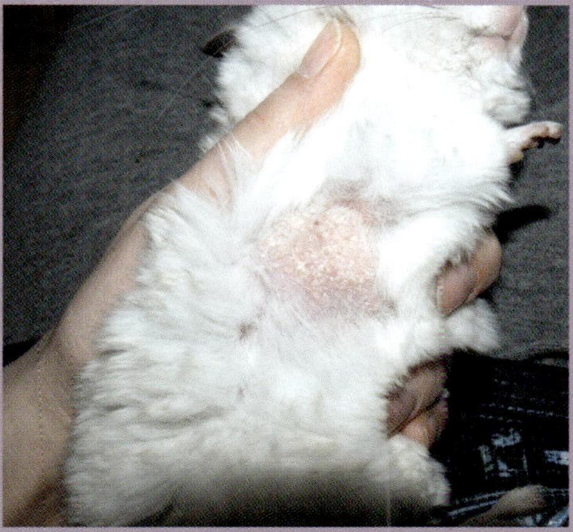

Eine der Hauptursachen für Hautpilz ist Stress. (Foto: Knoll)

Hitzschlag
Ursache: Wegen fehlender Schweißdrüsen droht Chinchillas schnell die Überhitzung.
Symptome: Erhöhte Atemfrequenz, starke Unruhe, Zittern, seitliches Liegen. In der Folge: Kreislaufkollaps.
Behandlung: Sofort an einen kühlen Ort bringen. Kühlakkus oder Eis in die Nähe legen, nicht direkt ans Tier!

Krämpfe
Ursache: Möglicherweise erbliche Veranlagung, Stress, Überanstrengung, Mangelernährung, besonders Calcium-, Magnesium-, Kaliummangel; Folge von Antibiotika.
Symptome: Begleitet von Muskelzittern, Verrenkungen.
Behandlung: Die Krämpfe klingen von selbst ab. Gabe von Vitamin-B-Komplex und Mineralien.

Leberverfettung
Ursache: Zu fett- und stärkehaltige Ernährung.
Symptome: Verstopfung.
Behandlung: Sofort zum Tierarzt! Mehr rohfaserreiches Futter, Gabe von Vitamin-E- und Vitamin-B-Komplex. Mariendistelkur.

Lungenentzündung
Ursache und Behandlung: Wie bei Erkältungen.
Symptome: Unterscheidung nur durch Schwere der Symptomatik und des Verlaufs.

Magen- und Darmentzündungen
Ursache: Bakterielle, parasitäre oder Pilzinfektion. Stress wirkt begünstigend. Auch Vergiftung und Fehlernährung wie plötzlicher Futterwechsel, zu viel oder ungeeignetes Frischfutter, Gras, verschimmeltes Heu, ungeeignete Lebensmittel.
Symptome: Weicher, feuchter Kot mit Durchfall, je nach Keim auch Verstopfung, verklebter Po, ungewöhnliche Körperhaltung, Gewichtsverlust.
Behandlung: Sofort mit Kotprobe zum Tierarzt!

Penisring
Ursache: Abgelöste Haare bleiben am Penis kleben und bilden nach einiger Zeit unter der Vorhaut einen festen Haarring. Häufig!
Symptome: Verminderter Sexualtrieb, Spätfolge Impotenz. Bock kontrolliert häufig den Penis oder knabbert daran.
Behandlung: Vorsichtige Entfernung des Rings mit einer Schere.
Vorbeugung: Regelmäßige Kontrolle.

Pseudotuberkulose
Ursache: Bakterielle Infektion. Begünstigend ist schlechte Hygiene.
Symptome: Rasche Abmagerung, Apathie, Durchfall oder Verstopfung. Temperatur, Puls und Atmung erhöht. Je nach Immunsystem verzögerter Ausbruch der Krankheit. Inkubationszeit 14 Tage. Sehr ansteckend!
Behandlung: Quarantäne! In der Zucht empfiehlt sich orale Impfung. Sofort zum Tierarzt. Antibiotikum. Ungünstige Prognose.

Tumoren
Ursache: Schwaches Immunsystem, oft im Alter.
Symptome: Tastbare Geschwulste, Blut im Urin.
Behandlung: OP oder bei schwerem Verlauf Einschläfern. Oft können Nager mit einem Geschwulst noch eine Weile gut leben.

(Foto: Hebbel)

Zucht

Die Bedeutung der Zucht für die Erhaltung der Art ist bei kaum einem Heimtier so groß wie beim Chinchilla. Erfreulicherweise hat die Chinchillazucht eine im Vergleich zu anderen Nagern recht lange Tradition. Das bedeutet viel Wissen, auf das sich zurückgreifen lässt, wenn auch manches inzwischen überholt ist. Das bedeutet aber auch, dass dieses Buch nur auf die dringlichsten Fragen und Probleme eingehen kann, die in der Hobbyzucht auftreten.

Der vergrößerte Bauchumfang bei trächtigen Chinchillas ist gut zu sehen. (Foto: Jung)

Brunft und Trächtigkeit

Als Brunft bezeichnet man die Zeit, in der ein Säugetierweibchen fruchtbar ist. Beim Chinchilla sind das etwa alle 28 Tage drei bis fünf Tage. Die Brunft ist für den Bock am Geruch erkennbar, für den Menschen hierdurch:

Das Weibchen scheidet einen sekrethaltigen sogenannten Hitzepfropfen aus. Er wird jedoch selten gefunden, da er sehr klein ist und von ähnlicher Farbe wie die Einstreu. Das Weibchen ist oft anschmiegsamer, was bei einem zahmen Tier nicht immer deutlich ist. Die Scheide öffnet sich. Auch das ist bei Trockenheit der Scheide nicht immer erkennbar, schon gar nicht für den Laien. Die Scheide kann auch bei einer Erkrankung geöffnet sein.

Daher kann man Verhütungsmethoden beim Chinchilla vergessen! Möchten Sie keinen Nachwuchs, gibt es nur zwei Möglichkeiten: keine Paarhaltung oder Kastration des Bocks!

Durch intensives Schnüffeln am Weibchen und eine wilde Verfolgungsjagd kündigt sich der Deckvorgang an.

Während der Trächtigkeit benötigt das Muttertier besonders viele Vitamine und Mineralien, vor allem Calcium. Es eignen sich Ergänzungspräparate in Absprache mit dem Tierarzt.

Erfahrene Züchter können den Fötus mit drei bis vier Wochen ertasten. Doch das ist Stress für das Tier und sollte die Ausnahme bleiben.

Geburt

Die Geburt findet vorwiegend nachts oder in den frühen Morgenstunden statt. Sie dauert etwa eine halbe Stunde, kann sich bei mehreren Babys aber auch über viele Stunden ausdehnen.

Nur wenige Stunden alt. (Foto: Knoll)

Wenn die Wehen beginnen, streckt sich das Muttertier und stößt Schmerzenslaute aus. Auf den Hinterbeinen stehend, gebärt sie die Babys. Anschließend säubert sie sie und frisst die Plazenta auf. Dadurch nimmt sie wichtige Nährstoffe für die Milchbildung auf.

Da die Babys noch nicht über genug körpereigene Wärme verfügen, müssen sie warm gehalten werden. Normalerweise hilft der Vater dabei, in freier Natur wie in Heimtierhaltung. Bleibt er mit im Käfig, wird er aber versuchen, das Weibchen gleich wieder zu decken. Will man nicht noch ein zweites Mal Nachwuchs, muss er also herausgenommen werden.

Nach der Geburt wird das Sandbad für eine Woche entfernt, um Entzündungen am Muttermund durch die noch geöffnete Scheide vorzubeugen. Auch die blutige Einstreu wird entfernt, ansonsten lässt man die Tiere bis auf das tägliche Wiegen in Ruhe.

Komplikationen

Die Tragzeit von normalerweise 111 Tagen kann sich um zwei bis drei Tage nach vorn oder hinten verschieben. Bei einer Verzögerung darüber hinaus muss unbedingt ein Tierarzt aufgesucht werden, ebenso bei Blutungen vor oder nach der Geburt oder wenn die Mutter lange vergeblich presst.

Ist ein Jungtier im Mutterleib abgestorben, beginnt es zu verwesen und muss sofort entfernt werden.

Bei einem Kaiserschnitt ist die Inhalationsnarkose der Injektionsnarkose vorzuziehen. Sie wird bedeutend besser vertragen.

Entwicklung der Jungen

Chinchillas kommen als Nestflüchter zur Welt. Die Augen sind offen, die Babys sind vollständig behaart und vom ersten Tag an zu Sprüngen fähig. Das Geburtsgewicht liegt bei 40 bis 60 Gramm. Wie das Gewicht eines erwachsenen Tieres ist es abhängig von Abstammung und Aufzucht, doch auch von der Wurfgröße. Schon nach ein paar Tagen knabbern die Babys an Heu und festem Futter. Hauptnahrung ist dennoch die Muttermilch. Mit acht Wochen sind Chinchillas selbstständig, mit 12 bis 18 Monaten ausgewachsen.

Zufütterung

Aus verschiedenen Gründen reicht die Milch manchmal nicht für alle Jungen. Dann muss zugefüttert werden, und zwar allen Babys. Sonst trinken sich die Stärkeren an der Muttermilch satt, die verträglicher und gehaltvoller ist als jede Alternative, und verdrängen die Schwächeren noch mehr. Es gibt verschiedene Rezepte, gut bewährt hat sich Nageraufzuchtmilch als Pulver (das ist dasselbe wie Katzenaufzuchtmilch). Sie wird auf einem Löffel zum Ablecken gereicht oder mit einer Spritze.

Junge Chinchillas suchen gern Unterschlupf. (Foto: Knoll)

Handaufzucht

Lehnt die Mutter ihr Junges ab, muss es auf anderem Wege warm gehalten werden. Wie das am besten geschieht, dazu gibt es die unterschiedlichsten Meinungen. Mein Favorit ist eine Heizlampe (40 bis 60 Watt) mit einer Heizmatte aus dem Zoohandel. Sie hat den Vorteil, dass sie unter den Käfig gelegt und so nicht angeknabbert wird.

Bei einer Wärmflasche halte ich die Gefahr des Anknabberns für zu groß. Ein erkältetes Tier, das sowieso fressunlustig ist, ist etwas anderes als ein Jungtier. Zudem müsste man ständig neues Wasser kochen und die Temperatur kontrollieren.

Das Zufüttern bei der Handaufzucht ist schon kräfteraubend genug. In den ersten drei Wochen muss es alle zwei Stunden erfolgen, Tag und Nacht! Danach dreimal täglich bis zum Alter von acht Wochen, dazu immer Heu anbieten.

Nicht selten scheitert ein Rettungsversuch. Jungtiere sind leider anfällig für Infekte. Es ist zwar traurig, wenn ein Tierbaby stirbt, das man aufrichtig zu retten bemüht war. Doch Sie können sich damit trösten, dass Sie Ihr Bestes gegeben und dem Kleinen Lebenszeit geschenkt haben, die es in freier Natur nicht gehabt hätte.

Kastration?

Da ein Gefährte nicht immer leicht zu finden ist, wird oft über eine Kastration nachgedacht, um ein Paar zusammenlassen zu können, wenn man mit ihm nicht mehr züchten möchte. Der Eingriff ist bei Weitem nicht mehr so risikoreich wie früher. Auch die Tiermedizin hat Fortschritte gemacht. Trotzdem bleibt natürlich ein Restrisiko. Dass ein Bock nach einer Kastration zwangsläufig sein Wesen ändert, stimmt bei Chinchillas nicht!

Abschied vom Chinchilla

(Foto: Swartout)

Wer sein Chinchilla verliert, verliert einen Gefährten, mit dem eine lange gemeinsame Zeit des Lebens verbracht wurde. Die Trauer darüber wiegt schwer und es scheint nicht viel zu geben, was über einen solchen Verlust hinwegtrösten kann.

Doch wir haben die Wahl, ob wir uns der Trauer hingeben und dem bloßen Schmerz über den Verlust oder auch schönen Erinnerungen und der Dankbarkeit für etwas, was wir immerhin einmal besaßen.

Als Trost für Sie hier noch ein kleines Abschiedsgedicht.

Zum Rechtlichen: Ein totes Nagetier darf im eigenen Garten begraben werden, sofern dieser außerhalb eines Wasserschutzgebietes liegt. Der Körper muss 50 Zentimeter unter der Erde begraben sein. Im Wald und an anderen öffentlichen Stellen ist es verboten.

Abschiedsgedicht

Geht dein Tier aus deinem Leben
und zerreißt es dir das Herz,
dank ihm, was es dir gegeben,
und verwandle deinen Schmerz.

Traurig, wer um sein Tier weinet,
trauriger, wer's nie gekannt,
so verbindet euch ein Band,
das nur ihr zu spüren scheinet.

Und es wispert leis und helle:
Weine nicht, ich bin bei dir,
bin nicht tot, ich bin nur hier.
Gehst auch du über die Schwelle,
ist das deiner Liebe Lohn:
Wenn du kommst, ich warte schon!

Verfasserin: Judy Fox

(Foto: Blattmann

Nachwort

Wie eingangs und zwischendurch geschildert, stehen die Chinchillas, die als Haustiere Einzug in unser Leben genommen haben, in freier Natur kurz vor dem Aussterben.

Es ist traurig, dass der Mensch es nicht lassen konnte, sich ihres Pelzes zu bemächtigen und damit eine Tierart mehr beinahe ausrottete, im Irrglauben, sich alles aneignen zu können, was die Natur hervorbringt.

Es gab und es gibt zum Glück Menschen, die sich für den Schutz der letzten wild lebenden Chinchillas einsetzen.

Die Buchautorin Sabine Cremer hat das Projekt „ChinChorro“ gegründet. Dafür organisiert sie Reisen in Chile, dorthin, wo noch Langschwanz-Chinchillas leben, um besonders Schulklassen diese Tiere näherzubringen. Der Schutz der letzten Chinchillas kann nur in Zusammenarbeit mit der Bevölkerung gelingen.

Die Amerikanerin Amy Deane ist Leiterin der Organisation „Save the Wild Chinchillas“. Diese Organisation bemüht sich, der Bevölkerung in Chile die Chinchillas näherzubringen. Viele Kinder dort haben noch nie ein Chinchilla gesehen.

Die Organisation besucht auch Schulen und arbeitet mit den chilenischen Behörden zusammen. Nur wenn genügend Menschen von den Chinchillas wissen, werden sie auch bereit sein, sich für diese Tiere einzusetzen.

„Save the Wild Chinchillas“ kauft auch Land auf und bezahlt einheimische Landbesitzer, damit sie die Chinchillas schützen.

Ich möchte Sie bitten, diese Projekte zu unterstützen. Schon ein kleiner Betrag ist hilfreich, nur 5 Euro pro Jahr, die Hälfte des Geldes, das Sie für dieses Buch bezahlt haben.

Danke für Ihre Unterstützung!

Herzlichst, Judy Fox

Anhang

Beispiele für artgerechte Chinchillakäfige

(Foto: Bostelmann)

(Foto: Oettinger)

(Foto: Jahrsdörfer)

(Foto: Swartout)

(Foto: Jung)

(Foto: Swartout)

Schutzorganisationen

Save the Wild Chinchillas
Zoologische Gesellschaft für Arten- und Populationsschutz e. V.
VBU – Volksbank im Unterland
Kontonummer: 54 550 009
BLZ: 620 632 63
IBAN: DE 12 6206 3263 0054 5500 09
Stichwort: Chinchilla
www.wildchinchillas.org
www.zgap.de

„ChinChorro"
Straßenkatzen Köln e. V.
Verwendungszweck: ChinChorro
Sparkasse KölnBonn
Kontonummer: 135 227 43
BLZ: 370 501 98
www.chinchillaburg.de

Literaturangaben

Ahne, W./Liebich, H.-G./Stohrer, M./Wolf, E.:
Zoologie.
Stuttgart: Schattauer, 1997

Berghoff, Peter C.:
Tierärztliche Heimtierpraxis.
Berlin, Hamburg: Parey bei MVS, 1989

Bickel, Edmund:
Südamerikanische Chinchillas.
Minden: Philler, 1970

Cremer, Sabine:
Das große Chinchilla-Handbuch.
Norderstedt: Books on Demand, 2002

Eckhardt, Harry:
Das große Handbuch der Chinchillazucht.
Miltenberg/Main: Eckhardt, 1963

Frohne, D./Pfänder, H.-J.:
Giftpflanzen.
Stuttgart: Wissenschaftliche Verlagsgesellschaft, 2002

Gabrisch, K./Zwart, P.:
Krankheiten der Heimtiere.
Hannover: Schlütersche, 2003

Poli, Mirella:
An Essential Guide to Owning a Chinchilla.
Havant: Tfh-Publications, 2006

Remane, Adolf:
Systematische Zoologie.
Jena: Gustav Fischer Verlag, 1997

Schmidt, Günter:
Hamster, Meerschweinchen, Mäuse und andere Nagetiere.
Stuttgart: Ulmer, 1985

Schweigart, Guido:
Chinchilla – Heimtier und Patient.
Jena: Gustav Fischer Verlag, 1995

Vanderlip, Sharon L.:
The Chinchilla Handbook.
New York: Barrons Educ Series, 2006

Walker, E.:
Mammals of the world.
Baltimore: Hopkins University Press, 1999

Wilson, D. E./Reeder, D. M.:
Mammal Species of the World.
Washington, London: Smithsonian Institution Press, 2007

Chinchilla-Links

www.nagetierzucht.de
www.igc-forum.de
www.elbe-chinchilla.de
www.chinchillabande.de
www.chinchillahobbyzuchtwilson.de
www.filderchins.de
www.critters.gotdns.com
www.chinchilla-fanclub.de
www.tierheim-chinchillas.de/
www.donautal-chinchillas.de (Hier gibt es die Metall-Laufräder.)

Danksagung

Mein Dank gilt allen, die mich bei der Entstehung dieses Buches unterstützt haben. Insbesondere Yannick Blattmann, Sabine Cremer, Dr. Stephan Dreyer, Jennifer Holst geborene Brefeld, Torben Schink, der Tierärztlichen Hochschule Hannover und dem Veterinäramt Gießen.

Register

CADMOS
HEIMTIERBÜCHER

Werner Lantermann
HANDBUCH PAPAGEIENHALTUNG

Wie eine möglichst artgerechte Haltung aussehen kann und worauf bei Auswahl, Haltung, Pflege, Fütterung und Zucht zu achten ist, wird in diesem Buch ausführlich beschrieben. Darüber hinaus werden alle als Heimtiere geeigneten Papageienarten oder -gruppen aufgeführt und kurz beschrieben.

128 Seiten, farbig, gebunden
ISBN 978-3-86127-077-5

Dr. B. Rauth-Widmann
GOLDHAMSTER

Der Goldhamster gehört bei uns zu den beliebtesten kleinen Heimtieren, nicht zuletzt, weil die flinken Kobolde mit den großen Knopfaugen und dem samtweiche Fell besonders von Kindern schnell ins Herz geschlossen werden. Der Goldhamster stellt aber als ursprünglich wüstenbewohnendes Nagetier und strenger Einzelgänger ganz bestimmte Ansprüche bezüglich Umgang, Pflege und Ernährung. In diesem Buch erfahren Sie wie Sie Ihrem kleinen Schützling ein möglichst artgerechtes Leben bieten können und auch lange viel Freude an ihm haben.

32 Seiten, farbig, broschiert
ISBN 978-3-86127-070-6

Dr. B. Rauth-Widmann
RENNMÄUSE

Rennmäuse gehören in ihrer Heimat, den trockenen Halbwüsten der Mongolei, zu wahren Überlebenskünstlern. Bei uns freuen sich diese anpassungsfähigen Nager als Heimtiere immer größerer Beliebtheit, insbesondere weil sie unter den richtigen Bedingungen problemlos zu halten sind. Rennmäuse sind sehr gesellig. Da sie auch tagsüber aktiv sind, kann man sich an diesen buddelfreudigen Gesellen zu verschiedenen Tageszeiten erfreuen. Wie man sie am besten hält, pflegt und ernährt, erfahren Sie in diesem Buch.

32 Seiten, farbig, broschiert
ISBN 978-3-86127-076-8

Dr. Gabriele Lehari
ZWERGKANINCHEN

Zwergkaninchen gehören nach Hund und Katze zu den häufigsten Heimtieren und sind besonders bei Kindern als Kuschel- und Spieltiere beliebt. Wie ihre wilden Vorfahren sind aber auch sie sozial lebende Tiere und fühlen sich nur in Gesellschaft von Artgenossen richtig wohl. Wie Sie ihnen im eigenen Heim ein möglichst artgerechtes Leben bieten können und worauf Sie bei ihrer Pflege und Ernährung achten müssen, erfahren Sie in diesem Buch.

32 Seiten, farbig, broschiert
ISBN 978-3-86127-071-3

Yvonne Lantermann
MEERSCHWEINCHEN

Meerschweinchen sind besonders bei Kindern sehr beliebte Heimtiere. Sie sind pflegeleicht, robust und langlebig. Doch trotz ihrer scheinbaren Anspruchslosigkeit sollte man diesen hochsozialen Tieren ein möglichst artgerechtes Leben in Gesellschaft von Artgenossen bieten. In diesem Buch erfahren Sie worauf man dabei achten muss und wie man am besten mit diesen liebenswerten Tieren umgeht.
32 Seiten, farbig, broschiert
ISBN 978-3-86127-072-0

CADMOS

Cadmos Verlag GmbH
Möllner Straße 47 · 21493 Schwarzenbek
Telefon 04151 87 90 70 · Fax 04151 87 90 7-12
Besuchen Sie uns im Internet: **www.cadmos.de**